前言

乡村振兴，人才是基石。习近平总书记指出，要推动乡村人才振兴，把人力资本开发放在首要位置，强化乡村振兴人才支撑。加快培育新型农业经营主体，让愿意留在乡村、建设家乡的人留得安心，让愿意上山下乡、回报乡村的人更有信心，激励各类人才在农村广阔天地大施所能、大展才华、大显身手，打造一支强大的乡村振兴人才队伍，在乡村形成人才、土地、资金、产业汇聚的良性循环。

近年来，江苏省全面开展新型职业农民培育，通过就地培养、吸引提升等方式，分层分类培育新型职业农民，加快建设一支数量充足、结构合理、素质优良的新型职业农民队伍，破解乡村人才难题。当前是江苏省推动农业农村高质量发展、实施乡村振兴战略的重要时期，新型职业农民作为建设现代农业的主导力量，需要不断学习有关知识技能，提高综合素质、生产水平和经营能力。

为配合新型职业农民培育工程的实施，江苏省农业农村厅在注重农民培训教材规划的基础上，注重贴近实际、紧跟产业需求，组织编写了该系列农民培训教材。本系列教材注重实用性，突出操作性，强化图片比例，增强阅读吸引力，通俗易懂，适合新型职业农民等各类新型农业经营主体使用。希望通过这套系列教材出版发行，进一步提升职业农民综合素质、生产技能和经营能力，壮大有文化、懂技术、善经营、会管理的新型职业农民队伍，让农民真正成为有吸引力的职业，让农业成为有奔头的产业，让农村成为安居乐业的美好家园。

编委会

“江苏省新型职业农民培育系列教材”编委会

江苏省农业农村厅　组编

江苏省新型职业农民培育系列教材

主要农作物生产全程机械化丛书

水稻生产

全程机械化技术与装备

主　　编　张　璐　于林惠

副 主 编　胥明山　许高权　顾旭东

编著人员　（按姓名笔画排序）

孙和平　张　飞　张　炜　张耘祎

陆　新　陈东海　谈仁玉　黄　炜

黄同翠　黄裕飞　魏广彬

江苏凤凰科学技术出版社

·南京·

图书在版编目（CIP）数据

水稻生产全程机械化技术与装备 / 张璐，于林惠主编. — 南京 ：江苏凤凰科学技术出版社，2021.4（2023.10重印）

江苏省新型职业农民培育系列教材

ISBN 978-7-5713-1185-8

Ⅰ. ①水… Ⅱ. ①张… ②于… Ⅲ. ①水稻－农业生产－农业机械化－技术培训－教材 Ⅳ. ①S233.71

中国版本图书馆CIP数据核字（2020）第098500号

江苏省新型职业农民培育系列教材

主要农作物生产全程机械化丛书

水稻生产全程机械化技术与装备

主　　编	张　璐　于林惠
责任编辑	张小平
编辑助理	韩沛华
责任校对	仲　敏
责任监制	刘文洋
出版发行	江苏凤凰科学技术出版社
出版社地址	南京市湖南路1号A楼，邮编：210009
出版社网址	http://www.pspress.cn
照　　排	江苏凤凰制版有限公司
印　　刷	南京新世纪联盟印务有限公司
开　　本	880mm×1 240mm　1/32
印　　张	4.125
字　　数	110 000
版　　次	2021年4月第1版
印　　次	2023年10月第3次印刷
标准书号	ISBN 978-7-5713-1185-8
定　　价	25.00元

图书如有印装质量问题，可随时向我社印务部调换。

目 录

第一章 概 述

第一节 江苏省水稻生产全程机械化现状

水稻是我国种植面积最大、单产最高、总产最多的粮食作物，在粮食生产中占有极其重要的地位。加快发展水稻生产全程机械化，提高水稻综合生产能力，是保障我国粮食安全的一项战略措施。同样，水稻也是江苏省第一大粮食作物，常年种植面积和总产量分别占全省粮食作物的 38% ～ 43% 和 52% ～ 58%，全省有 80% 左右的人口以稻米为主食。水稻生产对保障粮食安全，乃至繁荣农村经济和促进整个国民经济持续稳定发展都具有重要意义。

在主要的粮食作物中，水稻的生长发育环境和栽培技术措施最为复杂。其耕作栽培要求精细，生产环节多，季节性强，用工量大，劳动强度高，农民劳作辛苦，作业机械化难度大。改变水稻生产者“面朝黄土背朝天，弯腰曲背几千年”的传统种植方式，发展水稻生产全程机械化一直是江苏省农业机械化发展的主要目标。特别是近年来，农村青壮年劳动力大量外出务工经商，从事水稻生产的劳动力越来越弱，数量越来越少。因此，加快发展水稻生产全程机械化，以较少的劳动力获得更高的产量和综合效益，不仅是现代稻作生产发展的必然选择，也是未来水稻种植的主导性发展方向，更是提高水稻综合生产能力、保障粮食安全的迫切需要。

自2000年以来，江苏省农机推广部门在水稻生产全程机械化方面长抓不懈，通过省、市、县各级的共同努力，水稻生产全程机械化水平显著提高。2014年，江苏省已基本实现水稻生产机械化，在全国处于领先水平，并计划于“十三五”期间成为全国首批实现全省主要粮食作物生产全程机械化的省份。

第二节　水稻生产全程机械化技术路线

水稻生产全程机械化技术主要包括以下6个方面：一是耕整地环节（包含秸秆处理）；二是机械化育秧环节；三是机械化栽插环节；四是机械化田间管理环节；五是机械化收获环节；六是机械化烘干环节。

1. 耕整地环节（包含秸秆处理）

在耕整地环节中，江苏的特色是麦秸秆全量还田。江苏是农业大省，全省麦秸秆资源非常丰富，实施秸秆禁烧后进行秸秆机械化还田，是现阶段解决秸秆出路最直接、最有效的途径。但是，目前麦秸秆机械化还田还存在秸秆量大，作业茬口紧、标准高，实施难度大等多方面问题。各地应结合自身机具配置情况、土壤条件、气候条件、种植特点及后茬作物等因素，因地制宜选用技术路线，科学制订适合本地区的麦秸秆还田的作业技术措施，满足机插秧生产要求。

目前生产上秸秆机械化还田方式较多，主要有水耕水整、旱耕水整、秸秆粉碎还田、犁耕水整等作业方式，各有其应用范围、技术路线及要求。

2. 机械化育秧环节

水稻机械化育秧环节是机插秧技术推广中最重要的环节。与其他育秧方式相比，机械化育秧具有播种密度大、时间短、风险高、标准化要求高等特点。水稻机械化育秧技术的成熟推广，有力地推动了江苏省水稻机插秧技术的普及应用。

目前江苏省主要使用的水稻机械化育秧技术有双膜育秧、软硬盘田间育秧、硬质化地面微喷灌育秧、田间机械化摆盘育秧以及工厂化育秧等技术。

3. 机械化栽插环节

机械化栽插环节是通过高性能插秧机将已育成的秧苗移栽入田间，具有定穴、定量、宽行、浅栽的特点，较人工栽插质量更高，有利于高产稳产、省工节本，是提高水稻综合生产能力、增加稻谷总产和提高稻作效益的重要途径。

目前江苏省主要使用的水稻机械化栽插机具有步进式插秧机、高性能乘坐式插秧机、侧深施肥插秧机等。

4. 机械化田间管理环节

田间管理环节是粮食生产的重要组成部分，是水稻丰产丰收不可缺少的措施之一。近年来，江苏省连续受极端天气影响，水稻病虫害多发，防控任务繁重。大力发展高效植保机械化装备，推广高效植保机械化防治技术，已成为发展生态循环农业，确保粮食安全的客观要求。

目前，江苏省主要使用的水稻机械化田间管理机具有担架式或推车式喷雾机、高地隙喷杆式喷雾机、植保无人机等。

5. 机械化收获环节

水稻收获环节原来是水稻生产需要劳动量最大的农田作业环节之一，它直接影响水稻的产量和质量，还影响下茬作物的及时栽种，具有季节性强、劳动强度大的特点。使用机械化收获技术可显著降低劳动强度，提高收获效率。

目前江苏省主要使用的水稻机械化收获机具是半喂入收割机和全喂入收割机。

6. 机械化烘干环节

水稻机械化烘干环节是水稻生产全程机械化的最后一个环节，也是一直以来的薄弱环节。近年来，江苏省在收获时节易受到连续阴雨天气的影响，发展机械化烘干技术已成为一项共识，烘干机推广应用数量快速提升，进入快速发展阶段。

目前江苏省主推的是低温循环式谷物干燥技术。

第二章
机械化耕整地环节

江苏省水稻前茬多为麦茬，由于实施秸秆机械化还田，因此，在机械化耕整地环节上，各地应结合自身土壤条件、种植特点及后茬水稻品种特性等因素，因地制宜，制订适合本地实际的作业技术路线，科学选用秸秆机械化还田耕整地装备，高质高效实施秸秆机械化还田。秸秆机械化还田对于转变农业发展方式，推进农业可持续发展，提高农业经营效益和防治大气污染具有重要的现实意义（图 2-1、图 2-2）。

图 2-1　焚烧秸秆，土壤板结，污染环境

图 2-2　秸秆还田，培肥地力，保护环境

第一节　主要机械化耕整地方式与工艺路线

麦秸秆还田作业存在茬口紧、作业质量要求高、实施难度大等方

面问题。推广秸秆机械化还田技术要充分考虑地区的适应性，与作物种类、土壤条件、耕整地方式和农业技术要求的关系。目前生产上应用的秸秆机械化还田方式较多，主要有旱耕水整、水耕水整、秸秆粉碎还田、犁耕水整等作业方式，各有其应用范围、技术路线及要求。现逐一介绍基于秸秆还田条件下的主要机械化耕整地方式与工艺路线。

一、旱耕水整秸秆还田作业

1. 技术路线

主要技术路线为：联合收割机留低茬切碎匀抛麦秸秆→施基肥→秸秆还田机旱作还田作业→放水泡田→起浆平整→沉实→机插。

2. 作业要求

联合收割机收割留茬高度≤ 15 cm，秸秆切碎长度≤ 10 cm，并均匀抛撒于田间，上水泡田 1 ～ 3 天，还田作业速度以Ⅰ挡或Ⅱ挡为宜，作业深度≥ 12 cm。

3. 机具配备

联合收割机配备秸秆切碎抛撒装置；一般采用 65 马力 * 以上拖拉机，匹配相应幅宽的反转灭茬旋耕机、埋茬耕整机。

4. 相关技术

（1）正旋秸秆还田机

① 中央传动型。用于耕幅较大的机型，机器的对称性好，整机受力均匀，但传动箱下面的一条地带由于切土刀片达不到而形成漏耕，需增加小犁铲消除漏耕的装置（图 2–3）。

* 马力是农用机械上常用的一种计量功率单位，1马力≈735 W。

图 2-3 一种中央传动的正旋秸秆还田机实例图

② 侧边传动型。多用于耕幅较小的偏置式正旋秸秆还田机（图 2-4、图 2-5）。

行家指点

正旋秸秆还田作业（图 2-6）主要用于水旱田耕作，或稻茬、麦茬较多的田地作业，以 245 型刀为主要代表。其碎土耕翻作用较强，旋切的土块较大，耕作层较浅，一般为 8 ～ 12 cm，耕后平整度较好。

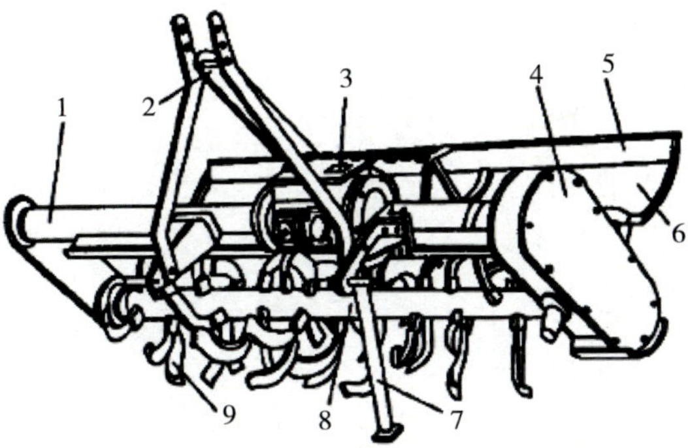

1—主梁；2—悬挂架；3—齿轮箱；4—侧边传动箱；5—拖板；6—挡土罩；7—撑杆；8—刀轴；9—旋耕刀。

图 2-4 一种侧边传动的正旋秸秆还田机结构示意图

图 2–5　一种正旋秸秆还田机

图 2–6　正旋秸秆还田机田间作业

（2）反旋秸秆还田机　反旋秸秆还田机作业时刀轴处于和拖拉机前进方向相反的反向旋转运动，用于田间小麦、水稻等农作物高留茬秸秆的埋茬、旋耕、碎土作业，具有埋草率高、灭茬效果好、碎土能力强等优点（图 2–7 至图 2–9）。反旋秸秆还田机还可通过改变刀具方向和大锥齿轮安装位置用于正转旋耕作业，具有旋耕碎土、平整土地效果好等优点，提高了机具利用率。

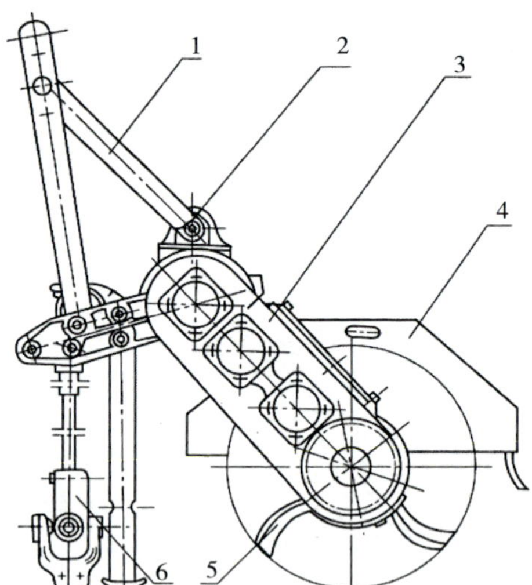

1—悬挂支撑总成；2—变速箱总成；3—侧边齿轮箱体总成；
4—机罩栅栏总成；5—刀轴总成；6—万向节总成。

图 2–7　反旋灭茬旋耕机结构示意图

图 2-8 一种反旋秸秆还田机

图 2-9 反旋秸秆还田机田间作业

行家指点

反旋秸秆还田机刀轴上安装的灭茬刀按一定规律排列在刀轴上做反向旋转，刀轴的旋转起到切土、抛土、碎土、埋茬的作用，其植被覆盖率、碎土率、平整度等耕作质量更好。

二、水耕水整秸秆还田作业

1. 技术路线

主要技术路线为：联合收割机留低茬切碎匀抛麦秸秆→施基肥→放水泡田→水田秸秆还田机还田作业→起浆平整→沉实→机插。

2. 作业要求

联合收割机收割留茬高度≤ 15 cm，秸秆切碎长度≤ 10 cm，均匀抛撒于田间，上水泡田 1 ～ 3 天，还田作业速度以Ⅰ挡或Ⅱ挡为宜，作业深度≥ 12 cm。

3. 机具配备

联合收割机配备秸秆切碎抛撒装置；一般采用 65 马力以上拖拉机，匹配相应幅宽的水田埋茬耕整机。

4. 相关技术

耕后进行水田整地可为作物种子发芽或秧苗移栽生长提供适宜的条件。利用水田整地机械中各种不同类型的起浆埋茬刀片或耙齿对有水的田面进行整理作业，具有碎土、埋茬或覆盖植被、起浆及平整田面的作用。耙后的田地泥烂、埋茬率高、田平、起浆好、土地融合均匀、秸秆或植被覆盖率高，能符合水田机插秧要求的大田整地标准。起浆平整环节宜采用水田驱动耙、水田埋茬耕整机或其他水田打浆机进行作业（图 2-10、图 2-11）。

图 2-10　一种水田驱动耙

图 2-11　起浆埋茬耙田间作业

三、秸秆粉碎还田作业

1. 技术路线

主要技术路线为：联合收割机切碎（或留低茬直接粉碎）匀抛麦秸秆→施基肥→秸秆粉碎还田机作业→旋耕还田作业→放水泡田→起浆平整→沉实→机插。

2. 作业要求

联合收割机收割留茬高度≤ 15 cm，秸秆切碎长度≤ 10 cm，并均匀抛撒于田间；秸秆粉碎应在麦秸秆含水率较低时进行，刀具无需入土、保持高转速，以实现较细碎的粉碎程度。

3. 机具配备

联合收割机配备秸秆切碎抛撒装置（或联合收获秸秆粉碎一体

机）；一般采用 75 马力以上拖拉机，匹配相应幅宽的甩刀式秸秆粉碎机。

4. 相关技术要求

对于机械收割留茬和切碎不达标的田块，要增加秸秆粉碎还田作业环节，利用秸秆粉碎机刀轴的锤爪或甩刀高速旋转，击碎秸秆。粉碎后的秸秆均匀抛撒田面，然后再进行耕翻埋茬作业（图 2–12、图 2–13）。

图 2–12　一种秸秆粉碎机

图 2–13　秸秆粉碎机田间作业

秸秆粉碎还田机主要由传动机构、粉碎室和辅助部件等部分组成（图 2–14）。传动机构由万向节传动轴、齿轮箱和皮带传动装置组成。粉碎室由罩壳、刀片和铰接在刀轴上的刀片组成。刀片的形式有“L”形、直刀型、锤爪式等。辅助部件包括悬挂架和限深轮等。通过调整限深轮的高度，可调节留茬高度，同时确保甩刀不打入土中。

图 2–14　一种秸秆粉碎还田机实例图

行家指点

粉碎机关键构造部件刀具主要有3种形式：锤爪式、双单刀反向对称弯曲甩刀式和正向三刀片直刀式。甩刀式和直刀式刀片有锯齿和非锯齿2种（图2-15）。刀片式适宜稻麦秸秆粉碎，锤爪式适宜玉米秸秆粉碎。

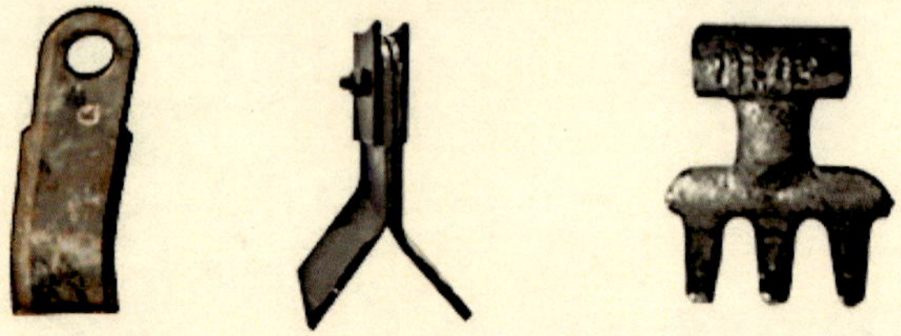

图2-15　几种秸秆粉碎还田机刀片（锤片）实例图

四、犁耕水整秸秆还田作业

1. 技术路线

主要技术路线为：联合收割机留低茬切碎匀抛麦秸秆→施基肥→铧式犁（或圆盘犁、犁旋一体机等）耕翻→旋耕机或重型耙碎垡（犁旋一体机可省略这一步骤）→放水泡田→起浆平整→沉实→机插。

2. 作业要求

联合收割机收获并将秸秆切碎匀抛，秸秆切碎长度≤ 10 cm；联合收割机收获时，留茬高度≤ 15 cm；犁耕深度16 ～ 20 cm，耕深稳定性≥ 85%，碎土率≥ 80%，秸秆覆盖率≥ 80%。

3. 机具配备

联合收割机配备秸秆切碎抛撒装置；根据铧犁数量和土壤情况配备相应的动力，一般采用75马力以上拖拉机；耕翻采用1L系列铧式犁、1LY系列圆盘犁、犁旋一体复式机；水田驱动耙等。

4.相关技术

犁耕法采用铧式犁等将土壤深耕切割、破碎和翻转土垡，并将秸秆、杂草深埋入耕作层下的耕翻作业方式。根据作业机具和工作原理不同，犁耕可分为铧式犁、液压翻转犁和圆盘犁作业，以及犁翻旋耕复式作业。

（1）铧式犁（图 2–16） 铧式犁是一种传统的犁体形式，推广应用数量多、面积广。一般分为以下 3 种：与小型拖拉机配套使用的轻型铧式犁，耕作层一般在 15 cm 左右；与中型拖拉机配套使用的轻型铧式犁，耕作层在 18 ～ 28 cm；与大型拖拉机配套的重型铧式犁，耕作层在 30 cm 以上（图 2–17）。

图 2–16 一种铧式犁

图 2–17 铧式犁耕翻作业

行家指点

犁耕的必要性：长期采用旋耕法作业，因耕作层浅，耕作层以下被压实而形成浅而坚硬的犁底层，影响作物根系下扎和水肥营养的吸收，易导致作物倒伏和减产。同时，机械旋耕秸秆还田仅能将切碎的秸秆混合在较浅的耕作层，秸秆分解产生毒素的时间集中和强度加大；那些没有被覆盖的碎秸秆很难腐烂分解，会影响水稻机插秧的扎根，延迟活棵返青和分蘖，进而影响水稻产量。犁耕深翻的深度一般在 18 ～ 22 cm，深耕打破犁底层，翻埋覆盖效果好，病虫害发生率低，改良土壤团粒结构，增强土壤保水保肥性能，解决了秸秆深埋、耕作层变浅等问题，有利于农作物根系的发育生长，对实现作物增产有比较重要的作用。

（2）液压翻转犁（图 2–18） 液压翻转犁属于一种双向犁，采用 180° 全翻式翻转犁，它用左翻和右翻两组犁体轮番作业，从而使土垡向同侧翻转，没有普通犁耕地形成的沟或垄，田面平整（图 2–19）。另外，它在地头转弯时空行程少，工作效率高，因而得到了广泛应用。犁的翻转动作由液压油缸控制，在翻转时油缸收缩，使犁架翻转大约 90° ，然后再伸长，犁架继续翻转，使另一侧犁体到达工作位置。

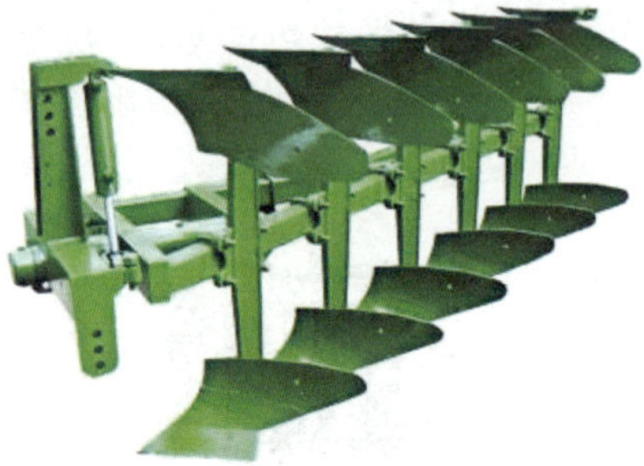

图 2–18　一种双向液压翻转犁

图 2–19　双向翻转犁耕翻作业

（3）圆盘犁（图 2–20） 圆盘犁具有覆盖性能好、不缠草、通过能力强、生产效率高、油耗低等优点。特别适用于湿烂、杂草多或稻麦高留茬田的翻耕作业。但是易造成耕深过深，土垡位移过大，平整困难，有些地区复耕复种田块多为宅基地，砖块石头较多，使用圆盘犁作业可有效避免机具损伤。圆盘犁的作业耕深可达 20 cm 以上（图 2–21）。

图 2–20　一种圆盘犁

图 2–21　驱动圆盘犁耕翻作业

（4）犁翻旋耕复式作业机（图 2–22）　该机采用铧式犁深翻和旋耕机浅旋作业组合，一次进地，先将土壤深耕切割、破碎和翻转土垡，并将秸秆、杂草深埋入耕作层下，再将表层土垡打碎和平整，属于复式耕翻作业机具。可一次性完成机械深耕 16 ～ 20 cm、覆盖埋茬（草）、碎土、平整等多道工序联合作业。避免了铧式犁作业后的二次旋耕作业，有利于解决土壤板结问题和改善土壤理化性状；减少机器下田次数、能源消耗、机械对土壤的过度压实；降低作业成本和劳动强度，提高了作业效率，实现全量秸秆一次性还田覆盖率达到 85% 以上（图 2–23）。

图 2–22　一种犁翻旋耕复式作业机

图 2–23　犁翻旋耕复式作业

行家指点

犁耕的限制：板结的旱田采用犁耕法消耗动力较大，油耗较高，效率比旋耕低；犁耕会形成闭垄台或开垄墒沟；犁耕深翻后需晒垡，然后再旋耕整地，墒情较好的土壤需晒垡 2 天左右，墒情较重时要 3 ～ 7 天；犁翻旋耕复式作业消耗动力较大，油耗较高，效率比犁耕低，田边四角耕不到。

建议：旋耕和犁耕应该交替进行。旋耕的耕深较浅，秸秆覆盖质量较差，影响水稻根系的正常发育，不利于消灭杂草和防除病虫害；使用旋耕机以旋耕代替犁耕，操作不当时，会使土壤团粒结构严重破坏，土粒高度分散，土壤板结，影响水稻分蘖发棵；连续多年只用旋耕机耕作，会导致耕作层变浅，甚至会造成水稻减产。所以，不宜持续以旋耕代替犁耕。

五、机械化耕整地共性要求

一是秸秆还田，秸秆切碎长度≤ 10 cm，机收麦秸秆留茬高度≤ 15 cm（图 2–24、图 2–25）。

图 2–24　麦秸秆留茬切碎匀抛作业

图 2–25　机收麦秸秆留茬情况

二是浅水泡田，水耕水整泡田时间为 1 ～ 3 天，其他秸秆还田作业方式为 12 小时左右，以泡软秸秆泡透土壤耕作层为宜。

三是作业时要严格控制水层，还田作业时水层要求以田面高处见墩，低处有水，作业不起浪为准。水深 1 ～ 2 cm。水层过深，浮草增多，作业时水浪冲击过强，影响秸秆埋土效果，耕整平整度差；水层过浅，土壤耕作层旋耕不起浆，泥草难以均匀混合、埋茬效果差，作业负荷大，浮草多，影响水稻机插。

四是起浆平整环节，宜采用水田驱动耙、水田埋茬耕整机或其他水田打浆机进行作业。

五是水稻机插秧在起浆平整后应尽可能沉实，总的原则是秸秆还田田块土壤的沉实时间要大于不还田的田块。一般黏性土壤整地后应沉实 2 ～ 3 天，壤土沉实 1 ～ 2 天，沙性土壤沉实 1 天。

六是机手合理规划作业路线，确保不漏耕、不重耕。

七是机手严格按照技术规范作业，确保秸秆机械化还田作业质量。

六、配套农艺要求

第一，鉴于秸秆还田前期耗氮、后期释氮的特点，要根据还田秸秆量实行氮肥适当前移，在精确定量施肥的前提下，亩增施基、蘖肥尿素 5 ～ 8 千克或碳酸氢铵 12 ～ 15 千克，以科学调节碳氮比（图 2–26、图 2–27）。

图 2–26　秸秆还田施基肥增施氮肥

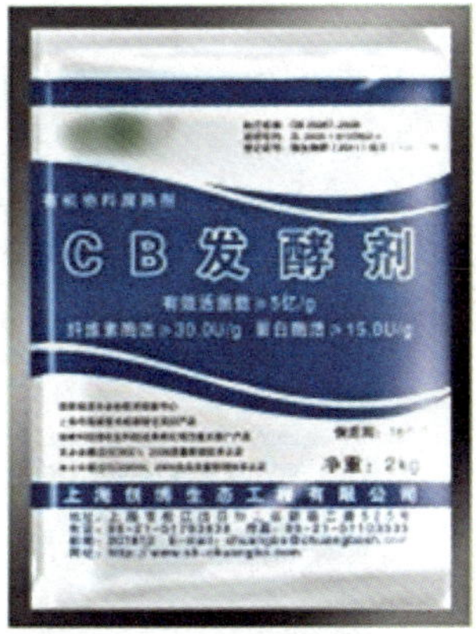

图 2–27　一种秸秆快腐剂

第二，针对麦秸秆还田土体松软的特点，前期及时露田增氧、排毒。有效分蘖期坚持浅水勤灌，中期及早分次搁田，使土壤沉实。后期实施“硬板”灌溉，防止根倒发生。

第三，机插前 3 天左右，结合泥浆沉实，实施封闭化学药剂除草，以提高除草效果，防止药害僵苗。

行家指点

① 黏土（图 2–28）：在耕整地工艺路线选择上，因黏土质地黏重且通透性差，易旱易涝，耕整地对土壤墒情要求高。在墒情合适不粘刀利于农具下地作业时，一种可采用旱耕水整，旱田旋耕增加透气性和渗水速度，减少整地前上水泡田时间，节省农时；第二种可采用犁耕水整，先犁翻深耕和晒垡，再利用旋耕机碎垡和平整土地，最后进行水整。因农时季节紧，渗水速度慢，水耕水整泡田时间长，且不易泡透耕作层，

所以对于黏重板结的土壤，应慎重选择水耕水整作业路线。② 沙土（图 2–29）：在耕整地工艺路线选择上，因沙性土的通气透水性和适耕性都好，但保水、持水、保肥性能弱，不宜犁耕深翻，适宜旱耕水整和水耕水整，而且宜耕期长。耕后土壤松散、平整，无坷垃或土堡，耕作阻力小，耕后质量好。虽然沙土通气透水性好，但保蓄性差，保水、持水、保肥性能弱，失墒多易引起土壤干旱，一般不建议选择犁耕水整作业路线。③ 壤土（图 2–30）：因其适耕性较好，保墒、保肥性能也较好，在耕整地工艺路线选择上适宜旱耕水整、水耕水整和犁耕水整。

图 2–28　黏土

图 2–29　沙土

图 2–30　壤土

第二节　秸秆机械化还田装备操作

一、旋耕机械

1. 使用操作

（1）*刀片安装要求*　旋耕机作业之前，正确安装旋耕刀是一项重要的工作，安装不当，将严重影响作业质量，并会因刀片旋转不平衡导致机件损坏和机组震动增大。为避免旋耕机在作业时漏耕并使刀轴受力均匀，刀片在刀轴上的排列配置应满足以下要求：在同一回转平面内，配置两把以上的刀片，保证切土量相等，达到碎土质量好、耕后沟底平整的要求；在刀轴回转一周过程中，在同一相位角，必须是一把刀入土，保证工作稳定性和刀轴负荷均匀；相继入土的刀片，在刀轴上的轴向距离越大越好，以免发生堵塞；左弯刀片和右弯刀片应尽量交错排列，使刀轴两端轴承受力平衡，一般刀片按螺旋线规则排列，要注意使刃口朝入土方向。

（2）安装方法　见图 2–31。

① 内装法。安装时，全部刀片都朝向刀轴中央。耕后地面中部有垄。

② 外装法。除最外端的两刀片内装外，其余刀片全部都向外装。耕后地面中部有沟。

③ 混合安装。左、右弯刀在刀轴上交错对称安装，但刀轴两端的刀片向内弯。耕后地面平整。

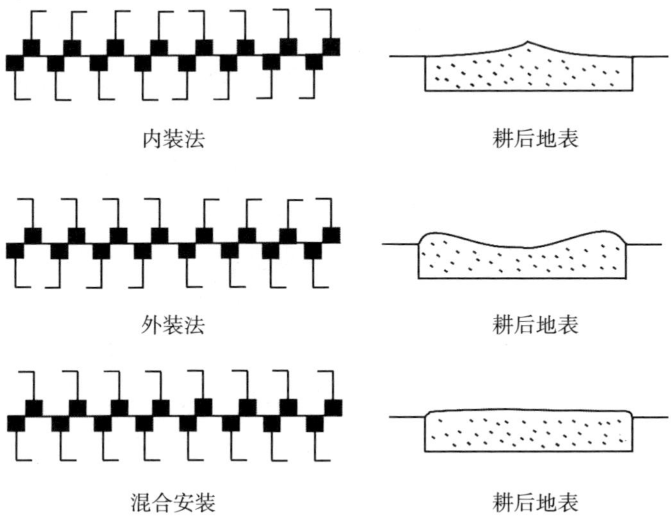

图 2–31　旋耕机刀片安装及耕地效果示意图

（3）使用操作　与轮式拖拉机配套的旋耕机，作业时机架应保持左右水平，使变速箱处于水平状态，其水平调整是通过悬挂装置的左右拉杆来调整的。耕深由拖拉机的液压系统控制。整体和半分置式液压系统应使用位置调节，分置式液压系统使用油缸活塞杆上的定位卡箍调节耕深，工作时操纵手柄放在“浮动”位置。

作业开始前将旋耕机提升，作业开始时先接合动力输出轴，再慢慢下降旋耕机。地头转弯时禁止作业，提升旋耕机时万向节的倾斜角要小于 30°，以免产生冲击噪声和磨损。当拖拉机的前进速度一定时，刀轴转速快，碎土性能好；刀轴转速慢，碎土能力差。而刀轴转速一定时，拖拉机速度快，则土块粗大。一般来说，刀轴的速度通常用慢挡，要求土壤特别细碎或耕两遍时，可用快挡。旋耕作业耕头遍时，拖拉机用Ⅰ挡或Ⅱ挡，耕第二遍时，可用Ⅲ挡。

2. 作业方法

（1）梭形耕法　机组由地块的一侧进入，一行紧接一行往返耕作，最后耕地头，如图 2–32（a）。这种耕法的优点是空行少，时间利用率较高，不易漏耕。但要在地头小转弯，大中型拖拉机不便于操作。

（2）套耕法　套耕的方法很多，图 2–32（b）所示的是一种间隔套耕法，也可采用图 2–32（c）的耕法，即正向耕 3 条，反向耕 2 条。采用套耕法可避免地头小转弯，提高时间利用率。偏置式旋耕机宜采用多区套耕法。

（3）回耕法　水耕时，为使耕后地面平整，减少漏耕，常采用回耕法，如图 2–32（d）（e）。向右偏置的旋耕机组，应从地块的右侧进入，由四周耕向中心。对称配置的旋耕机，可从地块任何一方向进入。回耕法的优点是操作方便，转弯小，工作效率高，适用于长方形大地块的耕作。转弯时应将旋耕机提起，防止刀片及刀轴受弯扭而损坏。最后沿对角线将漏耕的地方补耕。

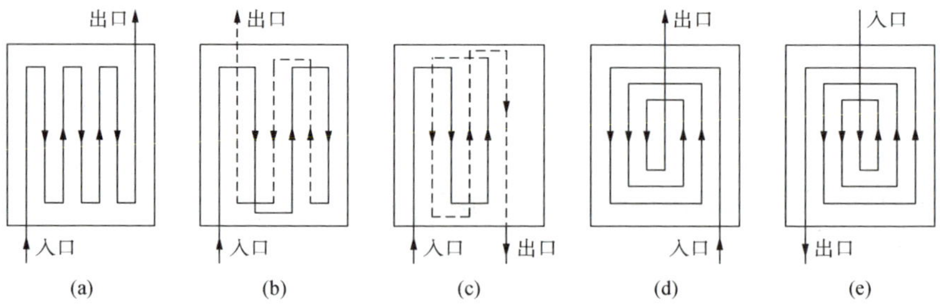

图 2–32　旋耕作业方法

二、犁耕机械

（一）铧式犁的调整方法

安装铧式犁的拖拉机轮距应与铧式犁耕幅相适应，使耕地过程中前犁的铧翼偏过拖拉机右轮内侧 10 ～ 25 mm，且拖拉机的左右下拉杆处于对称位置。此时铧式犁的阻力中心位于拖拉机的对称中心上。

铧式犁的耕深调节与配套拖拉机液压系统的形式有关。若为分置式液压系统，铧式犁的耕深则是通过改变犁上的限深轮高度来调节的。耕地时液压系统处于浮动位置。若拖拉机具有力、位调节的整体式和半分置式的液压系统，则可通过液压系统操纵手柄来调节铧式犁的耕深，手柄向下则耕深加大，反之则耕深变浅。

作业时铧式犁架必须保持纵向和横向水平，才能保证耕深一致。改变上拉杆的长度可以调整犁架的纵向水平。当铧式犁开始入土时应有一个入土角，即前犁铧尖着地时，铧式犁体与地面的夹角应为 3 ～ 5°，待入土达预定耕深时，犁架应保持水平，调节右提升杆（或左提升杆）的长度，使犁架达到横向水平。

铧式犁耕地时必须保持第一犁的正常耕宽，使犁架的纵梁平行于机组的前进方向。当超出正常耕宽或出现漏耕时，可通过正位调节手柄转动悬挂轴，调整悬挂轴右端的曲拐向前，左端曲拐向后，使犁架纵梁相对前进方向向沟墙倾斜，因土壤压缩性较小，在耕地过程中靠沟墙对犁侧板的反力作用下，犁体向右摆动、犁架及 2 个下拉杆摆正，消除漏耕。当比正常耕宽窄（或出现重耕）时，可进行相反的调整。

（二）液压翻转犁的调整

1. 横向水平调整

首先调整悬挂头架横梁的水平。使机组停于水平地面上，旋转拖拉机吊杆上的手柄，伸长或缩短吊杆的长度，使悬挂架横梁与地面平行。横梁距地面的高度依具体的耕深确定，耕深越大，横梁越低。然后调整犁架的水平。方法是调整犁悬挂头架上两端（也有的在其他部位）的调整螺栓，使左右两螺栓凸出横梁的高度一致，其凸出高度值依具体的耕深而定，耕深越大，凸出越多。通过以上调节，犁的横向水平基本上已得到保证。

2. 纵向水平调整

犁架的横向水平调整完成后就要在试耕中对犁架进行纵向水平调整。试耕时，观察犁的大架（或斜梁）是否水平，若前高后低，造成犁的大架体入土困难或耕得过浅，则应缩短上拉杆；反之，应伸长上拉杆。此时应注意，纵向水平调整是完成横向水平调整后，在保证横向水平状态的前提下进行的，其调整只限于调整上拉杆。若调整下拉杆使其长度发生变化，则势必造成整机犁架横向水平的破坏。此时即使犁架在一个耕作状态（如右翻）时达到了水平状态，也难以保证在另一个耕作状态（左翻）时能处于水平状态。

3. 耕深调整

通常情况下，翻转犁的额定耕深为 20 ～ 30 cm，一般耕深会有深浅之分，所以要对此进行调节。

若耕深较浅，则调整翻转犁限深轮固定板限位支座螺栓，缩短螺栓，使限深轮向后倾斜，使犁架降低，达到增加深度的目的。

若耕深太深，超过 30 cm，则用同样的方法，调整翻转犁旋长支座螺栓，使限深轮向前倾斜，使犁架升高，达到调浅的目的。

需要注意的是，调整翻转犁一面长度合适后，要把另一面翻转犁的螺栓也调整到同样的长度。除此之外，还可以通过调整固定板上的左右支座，使其上下移动，来调整限深轮的深浅。

（三）作业方法

耕地作业方法有内翻法（闭垄法）、外翻法（开垄法），以及有环节内外翻交替法、无环节套耕法和梭形耕法等。

（1）内翻法　机组从地块中心线左侧进入，耕到地头起犁，右（顺时针）转弯后在中心线右侧回犁，依次耕完整块地。耕后地块中间形成一个闭垄台，耕区两边有半个墒沟（图 2-33 左）。

（2）外翻法 机组从地块右边进入，耕到地头起犁，左（逆时针）转弯后到地块左边回犁，依次耕完整块地。耕后地块中间形成一个墒沟（开垄）（图 2-33 右）。

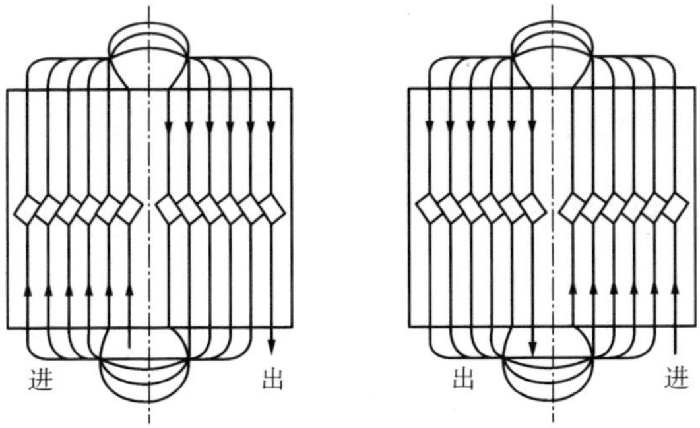

图 2-33 内翻法（左）和外翻法（右）示意图

（3）有环节内外翻交替法 在相邻几个作业小区内，依次交替地采用外翻法和内翻法进行。这种方法的特点是奇数区都采用内翻法，偶数区都采用外翻法。反之也可。耕后小区中间有一墒沟或垄台，而小区交界处无垄台或墒沟，地头转弯有环节，适宜于较大地块的耕作（图 2-34 左）。

（4）无环节套耕法 这种套耕法的特点是地头转弯无环节，故适

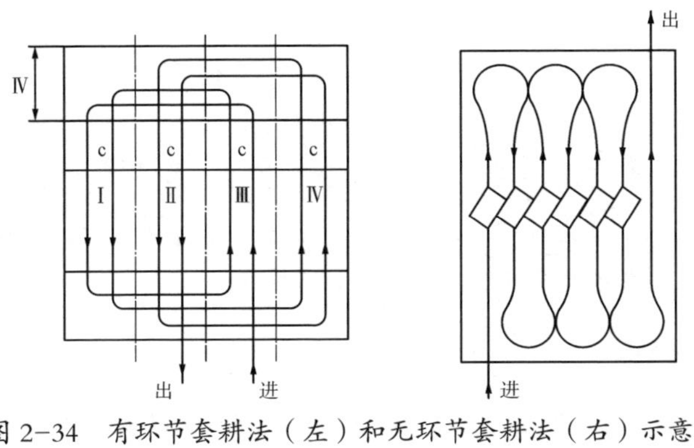

图 2-34 有环节套耕法（左）和无环节套耕法（右）示意图

宜于宽而短的地块。根据驾驶习惯和地形情况又可以分为内翻套耕和外翻套耕等不同形式（图 2–34 右）。

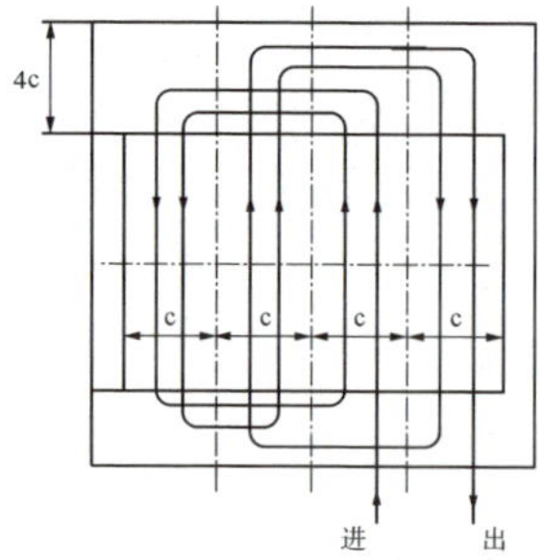

图 2–35　梭形耕法示意图

（5）梭形耕法　若选用双向犁耕作，则通常采用梭形耕法。在离地边一半耕幅处进入，采用内翻法。返回时拖拉机轮胎走犁沟，采用外翻法，把上一趟内翻土回原处。之后一直采用外翻梭形耕作法（图 2–35）。

三、犁翻旋耕复式作业机械相关参数和作业条件

（1）相关参数　秸秆覆盖率≥ 85%，碎土率≥ 70%，耕后地表平整度≤ 5 cm，理论犁耕深度达 16 ～ 20 cm，旋耕深度达 8 ～ 10 cm。根据配置铧式犁规格匹配不同幅宽旋耕机。其中，铧式犁 3 犁，耕翻幅宽 105 cm，旋耕幅宽 140 cm；铧式犁 4 犁，耕翻幅宽 140 cm，旋耕幅宽 180 cm；铧式犁 5 犁，耕翻幅宽 175 cm，旋耕幅宽 230 cm。

（2）作业条件　土壤条件：壤土或黏土，土壤绝对含水率为 15% ～ 25%。秸秆条件：稻、麦机收后秸秆留茬高度≤ 15 cm，田块表面秸秆切碎长度≤ 10 cm。秸秆匀铺，无条状或堆放现象。

四、秸秆粉碎还田机械

1. 使用操作

作业时应先将还田机提升到其锤爪离地面 20 ～ 25 cm 的高度。提升位置不能过高，以免万向节偏角过大造成损坏。

然后接合动力输出轴，转动 1 ～ 2 分钟，挂上作业挡，缓慢松放离合器踏板。同时操作液压升降调节手柄，使还田机逐步降到所需要的留茬高度，随之加大油门，投入正常作业。

2. 注意事项

作业中要及时清理缠草。清除缠草或排除故障时必须停机进行，

以免造成人员受害。随时检查三角带的松紧程度，以免刀轴转速降低，影响粉碎质量和加剧三角带的磨损。

严禁带负荷启动秸秆粉碎还田机，机具运转时严禁急升快降；机组转弯前应先升起机具，严禁在工作位置时转弯，以免损坏限位链。严禁拆除传动带防护罩。

作业时禁止甩刀入土作业，防止无限增加扭矩而引起机具损坏，并应避开土埂、树桩及其他障碍物。若发现锤爪打土，则应调整地轮离地高度或拖拉机上悬挂拉杆长度。

作业时若有异常响声，则应立即停机检查，排除故障后方可继续作业。严禁在机具运转情况下检查机具。

第三节　水田机械化整地起浆装备操作

水田机械化整地是指针对水田条件下实施的耕翻碎土、秸秆深埋、起浆平地等的多项作业。从作业效果看，水田地表平整，稻茬被充分覆盖，田间泥脚深浅一致，能有效地进行秸秆还田和机插秧，起到提高地力、增加土壤孔隙度、改善土壤通透性、促进水稻生长的作用。

一、工作原理

水田起浆埋茬平地机作业质量的好坏，其核心工作部件——耙辊起关键作用。耙辊主要完成起浆工序，通过高速旋转起到切土、埋茬、抛土的作用。耕整机后部采用封闭或半封闭的拖板（挡土板）和流线型平地板，将抛出的土撞击在挡土板上击碎，完成对土壤的粉碎、撞击、搅拌等工序，从而起到起浆平地的效果。

1. 密齿刀式、燕尾刀式耙辊

采用组合式加密的小型弯刀或燕尾刀，即在原有旋耕刀上部左右两边焊接分岔的“燕尾”形或“Y”形刀头，埋茬刀根部还安装有可将水田中泥块进一步击碎成浆的刮浆板（图 2–36）。对水泡田泡透耕作层要求高，适合在沙土或壤土土质的水泡田起浆埋茬作业。埋茬效果质量一般，黏重土壤阻力大，刀辊易粘土堵塞。去掉刮浆板杆可以用于旱田耕整埋茬作业，换成普通旋耕机刀轴，还可以转换为普通旋耕机。

图 2–36　两种密齿刀式耙辊

2. 滚筒式耙辊

滚筒式耙辊主要由耙滚轴、角铁、耙片、圆盘、碟形盘等焊合而成。耙滚轴上的工作部件齿板在回转过程中穿透土壤，主要用于旱耕后水田的切削、破碎、抛掷土块作业。水田驱动耙在入土时刀齿砍切土块，齿板工作面近于平压入土，然后逐渐转成垂直出土。同时耙组中间隔盘又限制土块横向窜动，故在入土过程中齿板强烈地挤压、搅动土壤，起到良好的碎土、起浆和埋茬作用，这是旋耕机刀片不能达到的效果。因为驱动耙的切土节距小，耙后土层上细下粗，又带耥板作业，所以一次作业就可以满足插秧整地要求（图 2–37）。

图 2–37　滚筒式耙辊

3. 专用弧形打浆刀式耙辊

这种主要由耙浆弧形弯刀等组合而成，有的机型也在埋茬刀根部安装起浆板进一步将泥块击碎成浆。埋茬刀在水田挖土的同时，也把麦秸秆（草）一起挖了起来，在旋转过程中与土混合搅拌。由于埋茬刀的正向弯曲和侧向弯曲呈特定的弧形，所以在草与泥的拌合过程中不会勾草（缠草），可以达到起浆埋草的目的（图 2-38）。

图 2-38　两种弧形打浆刀式耙辊实例图

二、主要机型介绍

1. 带刮浆板的埋茬耕整机

该型机采用独特的装有刮浆压草板的多棱形耙辊、组合式加密排列灭茬刀、半封闭曲线挡土板结构（可选装具有自调压装置的平整地副拖板），能够一次性完成全量或半量灌水浸泡后（24 小时以上）的稻麦秸秆的旋耕、埋茬、碎土、起浆、平整土地等多道作业工序，达到抛秧、插秧前水田整地的农艺要求（图 2-39）。

图 2-39　一种带刮浆板的埋茬耕整机实例图

2. 驱动型水田耙

驱动型水田耙适用于耕后水田平整和埋茬、起浆。一是麦茬口在旋耕或犁耕后灌水，然后进行水耙。二是前季稻麦茬口灌水旋耕后进行水耙。主要由中间齿轮箱总成、侧边齿轮箱总成、悬挂架总成、滚筒式耙滚焊合、罩壳拖板焊合及耥泥板等部件组成。

中间齿轮箱总成：主要由箱体、一轴、大小锥齿轮、轴承盖及左右主梁组成。

侧边齿轮箱总成：主要由箱体、中间轴、小齿轮、中间齿轮、最终传动齿轮、端盖、后盖板、右侧板等组成。

悬挂架总成：主要由悬挂拉杆、悬挂撑杆、悬挂插销等组成，用于与拖拉机的挂结。

滚筒式耙滚焊合：由数段圆盘隔断的小滚筒拼接焊合而成，每节小滚筒在圆周上均匀分布 4 个齿板，每个齿板上焊有 4 个小耙片，小耙片按照螺旋线交错排列。

罩壳拖板焊合：主要作用是使被耙滚抛出的土块得到再次破碎，并使耕后地表平整，改善劳动条件和保证操作安全。

耥泥板：是由 2 mm 厚的钢板焊合而成的空心矩形盒，上安装钢丝弹簧，在泥浆水面上具有一定的浮力，能有效起到拖平麦田表面，将残余的埋茬压入泥浆中和起浆的作用（图 2–40）。

图 2–40　一种驱动型水田耙实例图

3. 专用弧形刀式打浆机

我国打浆机采用弯刀轧制生产新工艺，以阿基米德螺旋线作为刃口曲线，采用大包角，刃口滑切角由小变大，滑切角大于摩擦角，有特制的防缠草刀座，可增加刀片入土时的导流效果，使草无法缠住刀轴，有利于切草、排草，适于秸秆埋茬作业。该机利用拖拉机动力输出轴传入的动力，经万向传动轴传至中间齿轮箱上的两花键轴来驱动左右刀轴做回转运动，然后通过搅浆弯刀实现切碎土块和灭茬。它所附带的拖板对土壤进行拍打，能完成整地、搅浆的全过程。机后的弹齿平地板和弹性强压杆可将稻茬压入已搅碎的泥浆 5 cm 以下后拖平。采用梳形齿结构，可防止泥浆堆积，改善平地效果，经沉淀后达到适宜机械（或人工）插秧要求。打浆机适合北方土质疏松、未及时秋翻地的原茬稻田地，在春耕时直接进行水田耕整，效果更明显。江苏等地需要在旱耕的基础上实施起浆埋茬平整作业，效果也比较好（图 2-41）。

图 2-41　一种新型弧形刀打浆机实例图

行家指点

中大马力拖拉机配套新型宽幅打浆机，采用三段式宽幅耕整刀组，增加的折叠翼实现可拆卸功能。折叠后的宽度不超过拖拉机的宽度，展开后整机工作幅宽可由原来的 2.4 m 扩展到 4 m 左右，可以大幅度提高作业功效，大大缩短耕整时间（图 2–42）。

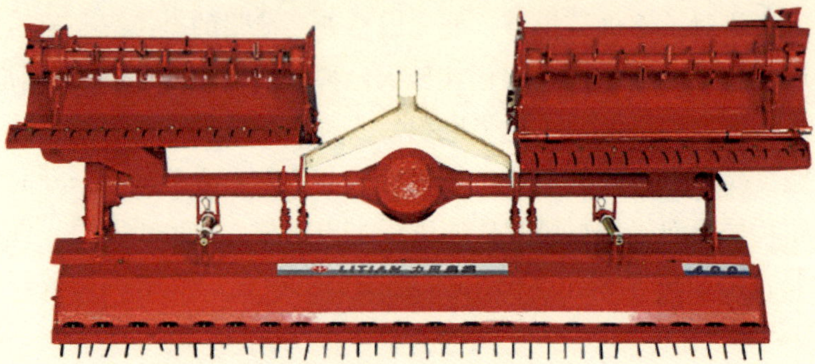

图 2–42　一种新型 4 m 宽幅打浆机实例图

4. 水田双轴旋耕起浆埋茬耕整机

水田双轴旋耕起浆埋茬耕整机是采用三点悬挂方式与拖拉机连接，用万向节通过旋耕机双侧齿轮箱分别把拖拉机的输出动力传递给旋耕刀轴和灭茬刀轴。前刀轴按旋耕机的刀轴设计，安装 IT245 旋耕刀，起到挖土、抛土的作用，所抛之土落在隔板上。后刀轴按埋茬耕整机刀轴设计，安装水田埋茬刀，挖起前刀轴运动刚落下的土和秸秆抛向挡土板，起到起浆和拌和秸秆的作用。同样，埋茬刀的根部安装起浆板，起到打浆的作用，最后由平地板将已耕地刮平。该机一遍作业即可完成挖土、起浆、覆埋秸秆和平地的作业要求（图 2–43、图 2–44）。

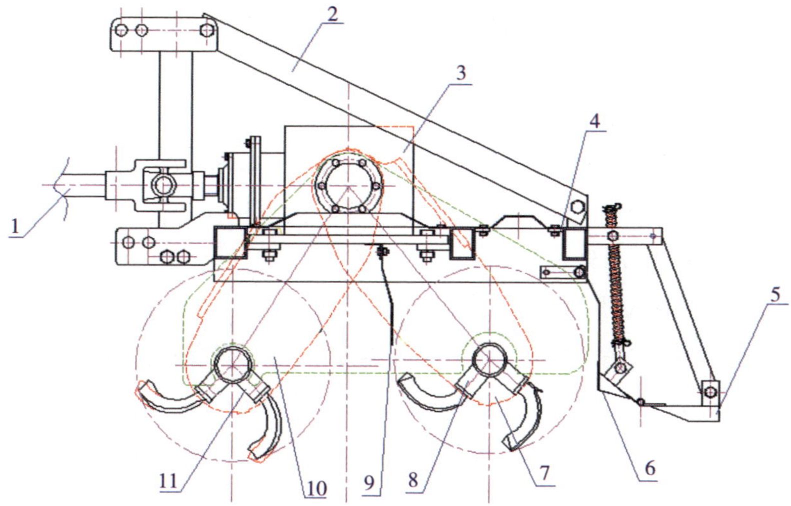

1—万向节总成；2—悬挂支撑总成；3—传动箱体总成；4—框架总成；5—平地板总成；6—拖板（挡土板）总成；7—埋茬传动箱体总成；8—埋茬刀轴总成；9—隔板；10—旋耕传动箱体总成；11—旋耕刀轴总成。

图 2-43 水田起浆埋茬耕整机（双轴）结构示意图

图 2-44 一种水田旋耕起浆埋茬耕整机（双轴）实例图

三、作业方法

1. 使用操作

① 按使用说明书的要求进行安装调试，与拖拉机挂接牢靠，做到

安全防护到位。检查和调整万向节前后夹角，使机器在工作状态时与作业地面最大夹角不大于 5° ，提升时最大夹角不大于 20° 。

② 安装时要保证机具左右两边处于同一水平位置，以保证耕深的稳定性和一致性。根据地块条件、作业要求，调整拖拉机液压提升机构的提升最高限位，控制水田埋草（茬）耕整机作业深度（耕深一般 12 ～ 15 cm）以满足农艺要求。

③ 调整拖拉机动力输出轴转速，确保水田埋草（茬）耕整机犁刀轴转速达到规定值(或作业效果最佳转速)，禁止带负荷起动。起步时，应使还田机逐步达到限定位置，禁止在起步前将还田机猛放至限定位置。作业中禁止带负荷转弯，转弯时应将还田机升起，转弯后方可降落作业，注意升降平稳。还田机不提升禁止后退，作业中禁止带负荷后退。作业中转移时，应切断动力输出，还田机停止转动。

2. 作业方法

秸秆全量还田情况下一般作业 2 遍，具体视作业一遍后的地表情况决定。第一遍顺田间长度采用无环节套耕作业法，避免漏耕，可适当重耕，以提高埋草效果。第二遍“绕行法”找平，并适当提高作业速度（图 2–45）。

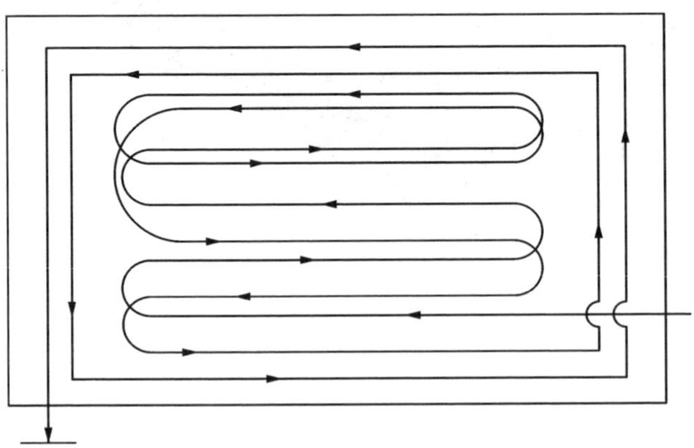

图 2–45　耙田方法示意图

第三章 机械化育秧环节

第一节 机械化育秧方式及工艺路线

水稻机插育秧是机插秧技术推广中最重要的环节。与其他育秧方式相比，机插育秧具有播种密度大、时间短、风险高、标准化要求高等特点。

图 3-1 育成秧苗图

一、机械化育秧方式

常用的水稻机插育秧方式有双膜育秧、软盘机械化育秧、硬盘育秧、硬盘微喷灌育秧以及工厂化育秧等（图 3-2）。工厂化育秧由于受投资成本大、技术难度高等因素影响，推广应用范围不大，仅限于试验示范。双膜育秧由于其标准化程度较低，育秧质量难以把握，软盘机械化育秧在流水线播种操作上比较烦琐，故上述2种育秧方式基本上不再主推。目前主推的是硬盘微喷灌育秧技术，这种育秧方式可实现机械化、标准化、工厂化流水线播种，同时，秧田实现按需供水，省工、节本、育秧风险小，对秧田的要求相对较低，是当前机械化育秧技术的首选。按照育秧场地的不同，硬盘微喷灌育秧又分为秧田硬盘微喷灌育秧和硬地硬盘机械化微喷灌育秧2种工艺。

a. 双膜育秧

b. 软盘机械化育秧

c. 硬盘微喷灌育秧

图 3-2　不同育秧方式

二、机插秧苗的基本要求

根据插秧机栽插作业特点以及高产栽培技术的要求，机插秧苗需达到下面几个方面的要求。一是选择适合机插的高产栽培品种。二是秧块要标准化，秧块长58 cm，宽28 cm，厚度2.0 ～ 2.5 cm。三是秧苗要分布均匀，每平方厘米2.5 ～ 3.5苗，根系盘结，提起不散。四是秧苗个体健壮，无病虫害。五是秧龄要适宜，一般为12 ～ 18天，叶龄3叶1心，见图3-3。

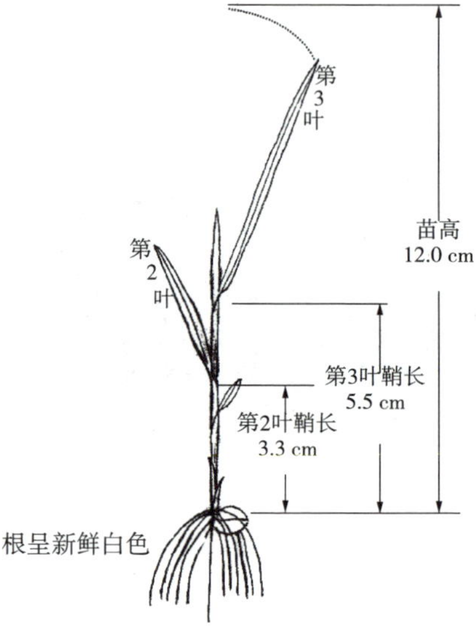

图 3-3　中、小苗模拟图

要点提示

机插秧苗是以营养土（基质）为载体的标准化秧苗（块）。秧苗育成后根系盘结紧密，形成毯状秧块、提起不散。在秧块标准尺寸中，宽度和厚度是最关键的指标。若宽度大于或小于 28 cm，则会在机插秧栽插过程中，出现卡滞或取不到苗，造成漏插。厚度过厚或过薄，会导致植伤加重以及影响栽插质量。双膜育秧技术由于宽度、厚度不能实现标准化，已经淘汰。软盘机械化育秧的标准化程度比双膜育秧有了明显改善，但由于塑料软盘太软，在操作或回收管理过程中很容易变形。硬盘微喷灌育秧标准化程度高，硬盘不变形、可重复使用多年，是普及推广的发展方向。

三、机械化育秧工艺流程

1. 软盘机械化育秧工艺流程

软盘育秧工艺流程为：育秧物资准备→种子处理→秧床制作→平铺秧盘→匀铺底土→洇水→机械化播种→覆土盖籽→无纺布覆盖→水浆管理→揭布炼苗→病虫害防治→适龄机插。

2. 硬盘育秧工艺流程

硬盘育秧工艺流程为：育秧物资准备→种子处理→秧床制作→机械化流水线播种（铺盘、铺底土或基质、洇水、播种、覆土盖籽一次完成）→叠盘暗化→移田→喷水→无纺布覆盖→水浆管理→揭布炼苗→病虫害防治→适龄机插。

3. 硬盘微喷灌育秧工艺流程

硬盘基质微喷灌育秧工艺流程为：育秧物资准备→种子处理→秧床制作或硬质场地准备→微喷灌设备安装→机械化流水线播种（铺盘、铺底土或基质、洇水、播种、覆土盖籽一次完成）→叠盘暗化→移田→喷水→无纺布覆盖→水浆管理→揭布炼苗→病虫害防治→适龄机插。

第二节　育秧前的农资准备及要求

一、种子准备

一般选用适合当地种植的高产、稳产、分蘖性好、抗性强、适宜机插、生育期适中的主推优良品种。每亩移栽大田备种子 2.5 ～ 3.0 kg。

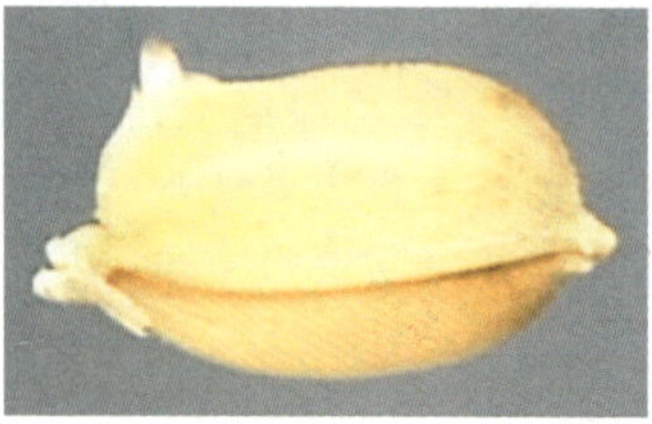

图 3-4　种子活力示意图

二、种子处理及要求

1. 晒种

在浸种前择晴晒 2 ～ 3 天，以增强种子的活力。

2. 脱芒

采用机械化流水线播种时，一定要对种子进行脱芒处理，防止播种时影响播种均匀度。自留种时通常也需要做脱芒处理（图 3–5、图 3–6）。

图 3–5　脱芒前

图 3–6　脱芒后

3. 选种

采用风选法或水漂选法（图 3–7）。将空壳或结实率不高的种子以及杂质清选掉，提高种子的整齐度和发芽率。

图 3-7 水漂选法选种

4. 发芽试验

一般育秧户都需进行发芽试验，掌握稻种的发芽情况，并确定播种量。发芽势应在 85% 以上，发芽率在 90% 以上。

5. 浸种、消毒

为消灭稻种所携带的病菌，需对种子进行消毒处理，消毒药剂及使用方法需严格按当地植保站指定浸种配方进行。浸种前先用清水淘洗，将水和药按比例调好后，再将稻种投入浸种，浸足 60 ～ 72 小时。浸种后可直接进行催芽或播种（图 3-8）。

图 3-8 浸种消毒

6. 催芽

将起水后的种子进行适度催芽，90% 破胸露白后播种。双膜育秧、软盘育秧需在药剂浸种后及时进行催芽。催芽要求做到“快”“齐”“匀”。所谓“快”是指催芽要在 2 天左右完成，时间一长会造成烂种等现象。“齐”是指发芽势要达 85% 以上。“匀”是指发芽整齐、均匀（图 3-9）。

7. 起水摊晾

浸种起水后的稻种需置于室内水泥地上 4 ～ 6 小时进行摊晾，以种子水分适宜不黏手即可播种（图 3-10）。

图 3-9　催芽效果图

图 3-10　起水摊晾

行家指点

催芽时，需严格控制催芽温度。一般催芽时谷堆温度要保持在 25 ～ 30 ℃，温度过高容易烧苗，过低不利于出苗整齐。以 90% 的种子“破胸露白”即可，并适当摊晾炼芽，增强种子对外界的适应能力。

三、秧盘等其他物资准备

（1）秧盘　每亩移栽大田备 25 张秧盘（软盘或硬盘）；机械化流水线播种的以硬盘为主。特殊地区采用软盘流水线播种的，需准备足够数量的周转硬盘。选用长宽高规格为 58 cm × 28 cm × 3 cm，底孔为圆形的合格硬盘，一般每亩移栽大田需用硬盘 22 ～ 25 张（图 3-11）。

（2）无纺布　每亩移栽大田备幅宽 160 cm 的无纺布 3.6 m。

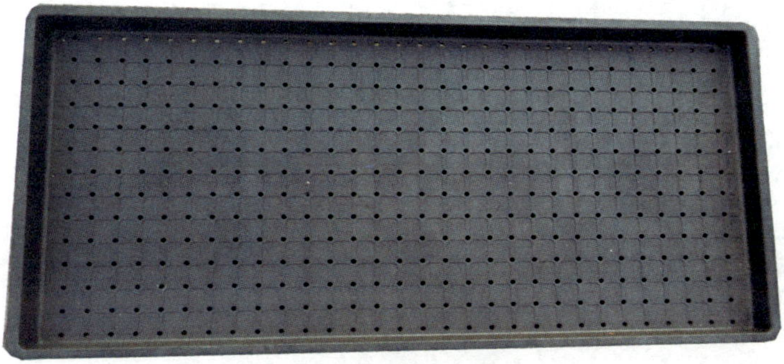

图 3-11 育秧硬盘

（3）壮秧剂 每亩移栽大田备 0.8 kg 壮秧剂。

（4）浸种药 按植保站指定浸种药剂及要求。

四、床土准备及要求

（1）床土选用 应选用无污染的稻田土、菜园土或育秧基质料作为机插育秧底土（营养土）。黄黏土、重沙土和 pH 值超过 7.8 的土不宜作为育秧底土。采用基质料育秧的，可在 50 L 基质中均匀拌入 10 ～ 20 kg 营养土，增加基质的黏性。推荐使用专门的水稻基质育秧（图 3-12）。

图 3-12 育秧基质

行家指点

基质与营养土对比，具有不用取土的特点，保护了耕地，节省了人工，且养分含量较足，无需追肥，透气性好，利于盘根，比重低，透水性强，便于搬运等优点。

图 3–13　床土过筛

（2）床土用量　每亩移栽大田备 120 kg 过筛细土或 100L 基质料或 80L 基质料加 20 kg 过筛细土。

（3）床土加工　床土先粉碎后过筛，使过筛后的土粒直径 <5 mm，3 ～ 4 mm 土粒要占 60% 以上，含水率在 15% 左右，即细土手捏成团，落地即散（图 3–13）。

（4）床土培肥　应因土制宜，目的是满足培育壮苗的要求。肥料应细碎、均匀，培肥时间应越早越好。推荐使用壮秧剂培肥法，先将 0.8 kg 壮秧剂均匀拌入 100 kg 过筛的细土或基质料中，然后起堆用农膜覆盖备用；另备 20 kg 未拌壮秧剂的过筛细土作为盖籽土。

（5）培肥时间　能早则早，最迟应在播种前15天培肥到位。

行家指点

采用营养土育秧方式，在取土前，可对取土地块施肥，将壮秧剂粉碎均匀撒于田中。采用旋耕机连续旋耕 2 ～ 3 遍，取 15 cm 表土堆制并覆农膜封闭至床土熟化。

第三节　软盘机械化育秧技术

软盘机械化育秧具有成本低、秧块标准化程度和育秧成功率相对较高等特点，故依然有不少种田农户或大户采用该育秧方式。

一、采用的机具装备

由于受标准化、机械化程度的限制，软盘育秧一般只能实现半机械化育秧，因此，所选用的机具主要是手推式育秧播种机或用硬盘套软盘，在育秧播种流水线上进行匀播后到秧田里再脱盘（图 3–14、图 3–15）。

图 3–14 手推式育秧播种机

图 3–15 育秧播种流水线

近期，江苏省新研发出一种田间摆盘育秧播种机，可在做好的秧床上直接进行铺土、播种、覆土、摆盘作业，可显著提高作业效率，降低劳动强度（图 3–16、图 3–17）。

图 3–16 田间摆盘育秧播种机

图 3–17 田间摆盘育秧播种机作业图

二、操作方法及要求

1. 秧床准备及要求

（1）秧田选择　选择土壤肥沃、地表平整、灌排方便、地点适中、运输方便的田块作为秧田。秧田、大田比按 1 ∶ 100 比例配置。

（2）秧床制作　采用干做的方法制作通气式秧床，利用越冬稻板田，长田横作畦，利用机械或人工整地、开沟制作成秧床。

（3）秧床标准　秧床宽度 1.4 m，沟宽 35 ～ 40 cm，沟深 10 cm，围沟深 25 cm，围沟宽 30 cm。秧床应平整，无裂缝，秧田高差不超过 1 cm。

（4）制作时间　在 4 月底前完成，播种前 10 天应精修秧板，确保平整。

2. 育秧播期及播量调控

（1）播种时期　播种期根据当地茬口、品种、气温而定。一般情况下，栽插日向前推 15 ～ 20 天为播种日。注意品种、秧龄、茬口、机插能力的衔接，切记不可过早育秧，防止超秧龄，影响秧苗素质。

（2）秧龄控制　12 ～ 18 天适龄移栽。

（3）播量调控　根据种子千粒重与有效面积落谷数量以及发芽率来确定播种量，一般按 4 cm^2 上落 10 粒种子为宜。种子千粒重

图 3-18　播量调整（空盘称量）

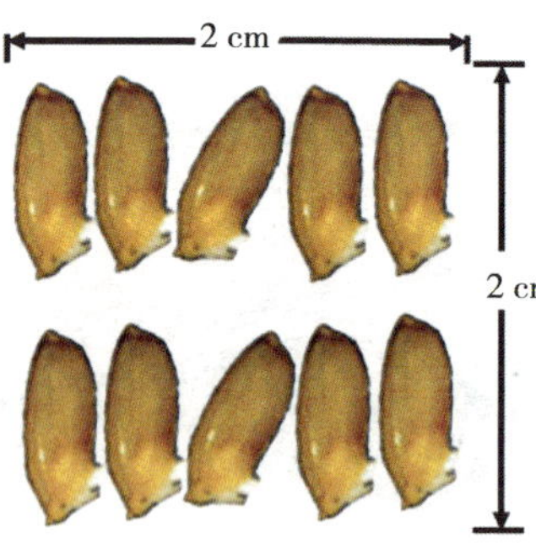

图 3-19　最佳播种密度

为 25 ～ 27 g，每盘（58 cm × 28 cm）播种量（芽谷）以控制在 120 ～ 150 g 为宜（图 3-18、图 3-19）。

3. 软盘育秧操作方法及要求

在软盘育秧过程中，操作环节的标准化是确保育秧质量的基本保障。其中，软盘和营养土的铺设以及播种的均匀度直接关系到秧苗质量和秧块质量。

（1）平铺秧盘　每块秧板横排 2 行，依次平铺，紧密整齐，秧盘的边与边相互重叠，盘底与床面紧密贴合。秧盘四周用土围实，防止秧盘变形（图 3-20）。

（2）定量上底土　每张秧盘中匀铺 2 kg 左右的过筛细土，底土厚度 1.5 ～ 1.8 cm（图 3-21）。

图 3-20　平铺秧盘

图 3-21　定量上底土

（3）洇透底墒　采用沟灌洇墒法，洇透底墒，让床土吸足水，确保出齐苗。

（4）精量匀播　一般常规粳稻每盘播种量（破胸露白芽谷）控制在 120 ～ 150 g，杂交稻 80 ～ 100 g。为确保均匀播种，可采用手推式播种机播种。即在秧盘两边架好播种机导轨，将播种机置于导轨上。匀速推动播种机，将稻种均匀地播到秧盘中，确保均匀到盘边盘角（图 3-22）。

采用机械流水线播种时，每台流水线还需备足硬盘用于脱盘周转，

图 3–22　精量播种

具体用量应根据播种时移送秧盘的距离而定。播种前，需将软盘装入硬盘中，播种后，要及时转移至秧田并脱硬盘，再循环使用。

（5）撒盖籽土　播种后要及时用盖籽土盖籽（厚度 0.3 ～ 0.5 cm）。每张秧盘中用 1 kg 左右的细土盖籽，以盖没芽谷为宜，不能过厚。不能用拌有“壮秧剂”的营养土作盖籽土。盖籽后不可再洒水，以防止表土板结影响出苗（图 3–23）。

（6）无纺布全程覆盖　加土盖籽后，及时取宽度为 160 cm 的无纺布居中覆盖，四周用土块压实（图 3–24）。

图 3–23　撒盖籽土

图 3–24　无纺布覆盖

第四节 硬盘微喷灌育秧技术

硬盘微喷灌育秧技术在软盘漫灌育秧的基础上，创新性地将微喷灌系节水系统引进并改良成为育秧利器，即将传统的漫灌育秧改成微喷灌精确控水育秧，从而一举攻克了培育标准化壮秧的难题。该技术标准化程度高，风险可控，适合于工厂化、规模化、机械化育秧，是当前发达地区育秧的主推方式。微喷灌设备一次性投入可多年使用，每亩秧田安装微喷灌设备需 1 000 元左右费用（含电机水泵、主管、支管、阀门、地喷头等）。

一、采用的机具装备

（1）床土加工设备　床土筛选机 1 台，主要用于育秧基质或营养土的过筛，清除基质或营养土内的石块等杂物（图 3–25）。

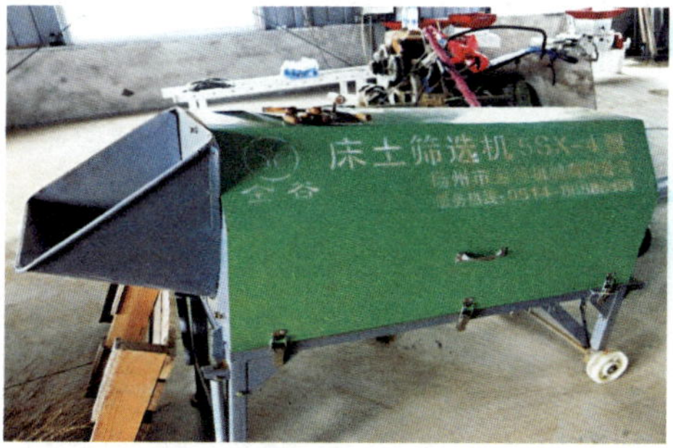

图 3–25　床土筛选机

（2）播种设备　育秧播种流水线 1 套（含上土机、叠盘机各 1 台），能一次性完成上土、育秧播土、洒水、精量播种、覆土盖籽、叠盘等工序（图 3–26 至图 3–28）。

图 3–26　育秧播种流水线作业图

图 3–27　自动上土机

图 3-28　自动叠盘机

图 3-29　微喷灌设备喷雾效果

（3）相关设施　种子处理池（箱）2 ～ 3 个，主要用于浸种消毒；暗化室不少于 200 m^2，主要用于将机械播好的秧盘，集中在室内暗化催芽、齐苗。

（4）管理设备　微喷灌设备 1 套（含水泵、主管、支管及吊式微喷头等）。主要用于育秧大棚内的水浆管理，可实现按需供水（图 3–29）。机动植保机 1 台，主要用于育秧期间的病虫害防控和带药移栽。育秧托盘架若干，主要用于放置育好的秧盘叠盘送入暗化室进行室内催芽。叉车 1 台，主要用于秧盘堆的转移运输。

二、硬盘微喷灌育秧工艺流程

适合于硬地、大棚、温室育秧。

具体流程见图 3–30。

三、操作方法及要求

1. 秧田准备

（1）秧田选择　秧田与大田之比一般按 1 ∶ 100 比例配置。应选择土壤肥沃，地表平整，灌排方便，地点适中，运输方便的田块作为秧田。

（2）秧床要求　采用干做的方法制作通气式秧床，利用越冬稻板田，长田横作畦，利用机械或人工整地，开沟制作成秧床。秧

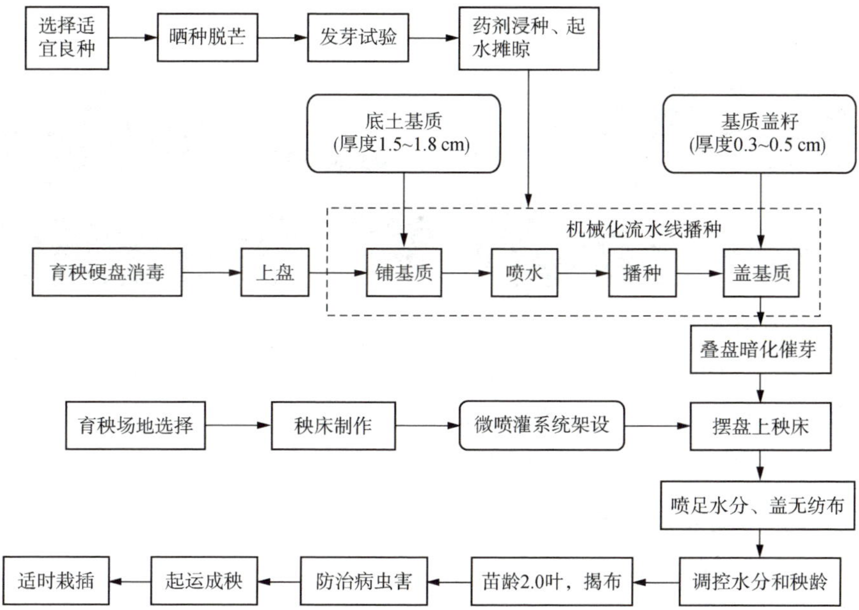

图 3–30　秧田硬盘微喷灌育秧工艺流程图

床宽 2.9 m，秧沟宽 25 cm，深度为 15 cm；围沟宽 30 cm，深度为 25 cm（图 3–31）。

图 3–31　通气式秧床制作

2. 硬质场地准备

（1）场地选择　硬盘微喷灌育秧技术还可充分利用空闲的水泥场地、晒场等硬地资源代替传统秧田育秧，同样可以培育出符合机插要求的壮秧（图 3–32）。育秧时要求附近有水源、灌溉方便，水质无污染。

（2）场地设置　清扫选定的水泥场地，将 1 m 双幅薄膜撕开，平整铺放在育秧场的四周地上。根据场地大小、平整度等情况，四周用木条或方管在薄膜底下隔成相应的水槽区域，周边用砖块固定。同时在一边留出排水口。整齐横放 2 张暗化好的硬盘，形成秧床，床面留

图 3-32　硬盘微喷灌育秧图

宽 25 ~ 30 cm 行走道。四周秧盘压在薄膜上，秧床覆盖无纺布，边缘多余的无纺布则压在硬盘下进行固定。微喷灌设备见图 3-33，微喷头用空心砖或可乐瓶装水固定。

3. 微喷灌系统架设

沿秧板纵向布设喷头，间距 2.6 m，亩用喷头 95 个左右。根据一次最大灌溉面积、微喷头的最大流量等配备相应流量的水泵。如选用 QS30-36-5.5 型潜水电泵，则可同时灌溉 6 亩田（图 3-33）。

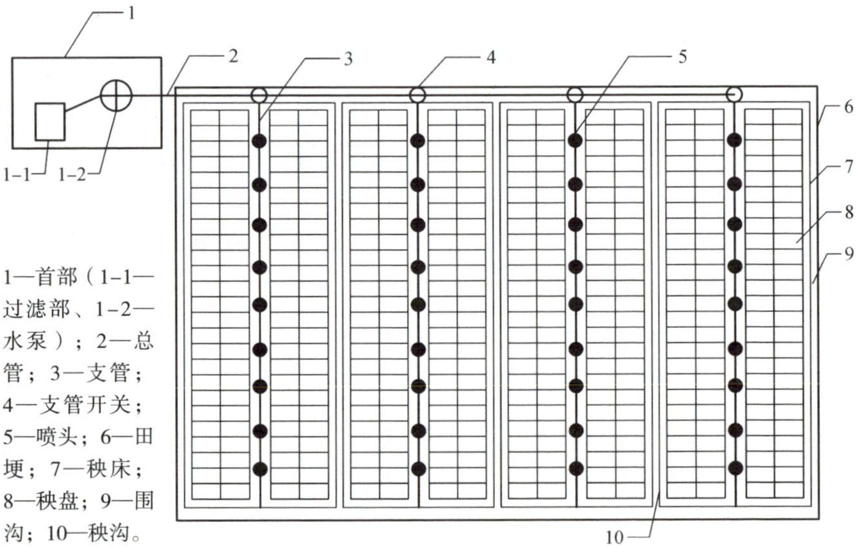

1—首部（1-1—过滤部、1-2—水泵）；2—总管；3—支管；4—支管开关；5—喷头；6—田埂；7—秧床；8—秧盘；9—围沟；10—秧沟。

图 3-33　微喷灌系统安装示意图

4. 机械流水线播种

（1）播种时期　播种期根据当地茬口、品种、气温而定，一般情况下，栽插日向前推 15 ～ 20 天为播种日。注意品种、秧龄、茬口、机插能力的衔接，切记不可过早育秧，防止超秧龄，影响秧苗素质。

（2）底土调节　将育秧播种流水线安装在平坦的地面上。安装好播种机后，要进行播种调试，使秧盘内底土厚度为 1.5 ～ 1.8 cm。上土时可选用上土机，可极大地减轻工人的劳动强度（图 3–34）。

（3）洒水量调节　以底土表面无积水，盘底无滴水，播种、覆土后能湿透床土为宜（图 3–35）。

（4）播种量调节　采用空盘播种称量的办法，将播种量调整到所需播量。一般以粳稻每盘播芽谷 120 ～ 150 g、杂交稻每盘播芽谷 80 ～ 100 g 为宜（图 3–36）。

（5）覆土量调节　覆土厚度为 0.3 ～ 0.5 cm，以不露籽为宜（图

图 3–34　底土调节

图 3–35　洒水量调节

图 3–36　播种量调节

图 3–37　覆土量调节

3–37）。播种流水线后面可配置叠盘机，一次性将几个盘叠在一起，便于搬运，可极大地减轻工人的劳动强度。

图 3–38　叠盘室内暗化催芽（出齐苗）

5. 叠盘暗化催芽

将播好种的秧盘叠堆整齐，置于室内暗化出齐苗。每叠堆高度 20 ～ 25 盘，顶部放一只有土的无种盘封顶。秧盘的排放务必做到垂直、整齐，盘堆要大小适中，堆与堆之间留出一定空间，避免高温伤芽（图 3–38）。

行家指点

摆盘堆好后，顶部和四周用黑色农膜封闭，不可有漏缝和漏洞，做到保温保湿不见光，防止盘间与盘内温湿度不一致，影响齐苗。暗化 3 ～ 4 天，待 80% 芽苗露出土面 1.0 ～ 1.5 cm，结束暗化，即摆盘入秧田绿化。若所用基质保水性差，则要适当减少暗化时间。期间需经常检查暗化温度、湿度等，防止烧苗。播后叠盘暗化催芽可保温保湿利于出芽和齐苗，同时避免了机械播种伤芽（图 3–39）。

图 3–39　黑色农膜覆盖（保温保湿）

6. 移田绿化

暗化好的秧苗应及时移入秧田。晴天，应在上午 9 时之前，下午 3 时半之后。中午前后日光强烈不宜摆盘，以免烈日伤苗。摆放完毕，一次喷足水后，用无纺布覆盖（图 3–40）。

图 3–40　移田绿化

第五节　田间育秧中后期管理要求

一、苗期管理

秧盘移到场地后，微喷灌须每天于上午 9 时前开机喷水 1 ～ 2 小时，下午 3 时过后再喷水 2 ～ 3 小时，晴天中午高温时段严禁喷水。喷水过程中，要注意检查无纺布覆盖下的秧苗是否湿润，防止因喷不到水而死苗。移栽前 3 ～ 5 天控水促根，促

图 3–41　苗期管理（水浆）

使秧苗老健，使盘土含水率在 35% ～ 40%，以便栽插（图 3-41）。

二、移栽前准备

1. 适时控水炼苗

栽前 3 ～ 5 天通过控水，促进秧苗老健，增强秧苗抗逆性。

出嫁肥施用一般在移栽前 3 ～ 4 天进行，用肥量及施用方法应视苗色而定。

2. 带药移栽

机插秧苗由于苗小，个体较嫩，栽后易遭受病虫危害。在栽前 1 ～ 2 天要喷药预防，坚持带药移栽。

3. 起运移栽

起盘后小心卷起盘内秧块，叠放于运秧车上，堆放层数一般以 2 ～ 3 层为宜。运至田头应随即卸下平放，使秧苗自然舒展。并做到随起随运随插，严防烈日伤苗（图 3-42）。

图 3-42　起秧移栽

第六节 工厂化育秧机械化所采用的装备及技术要求

水稻工厂化育秧是利用现代农业装备进行集约化育秧的生产方式。集机械化、标准化、规模化为一体，是现代农业工程与农艺技术相结合的技术。其核心技术是通过育秧流水线，一次完成秧盘播土、洒水、播种、覆土等工序，然后将播好种的秧盘置于暗化室进行暗化齐苗，待齐苗后移至育秧大棚进行培育壮秧（图 3–43）。

图 3–43 水稻工厂化育秧

一、采用的机具装备

（1）床土加工设备 床土筛选机 1 台，主要用于育秧基质或营养土的过筛，清除基质或营养土内的石块等杂物。

（2）播种设备 育秧播种流水线 1 套（含上土机、叠盘机各 1 台），一次性完成育秧播土、洒水、精量播种、覆土盖籽等工序。

（3）相关设施 种子处理池 2 ～ 3 个，主要用于水稻种的浸种消毒。暗化室不少于 200 m²，主要用于将机械播好的秧盘集中在室内暗化催芽、齐苗。

（4）管理设备 微喷灌设备 1 套（含水泵、主管、支管及吊式微喷头等），主要用于育秧大棚内的水浆管理，可实现按需供水。机动植保机 1 台，主要用于育秧期间的病虫害防控和带药移栽；育秧托盘架若干，主要用于放置育好的秧盘叠盘送入暗化室进行室内催芽；叉车 1 台，主要用于秧盘堆的转移运输。

二、工厂化育秧工艺流程

具体流程为：育秧物资准备→种子处理→育秧温室准备→机械化流水线播种（铺盘、上底土、洇水、播种、覆土盖籽一次完成）→叠盘暗化→移入育秧温室→水浆管理→病虫害防治→通风炼苗→适龄机插。

操作方法及要求与硬盘育秧一致。

三、移入育秧大棚或温室

暗化好的秧苗应及时移入大棚或温室培育壮秧（图 3–44、图 3–45）。最好在早晨移盘，以提高秧苗的适应能力。晴天中午前后日光强烈或大棚温室内温度过高时不宜移盘，以免秧苗不适应大棚或温室的环境造成烧芽。移盘后，应立即开启微喷灌系统一次喷足水，确保大棚或温室内的温度、湿度满足要求。

图 3–44　固定式秧架

图 3–45　回转式秧架

四、大棚苗期管理

1. 喷水

出苗阶段要经常保持床土湿润，要求相对含水量达 80% 以上，秧苗叶上要有水珠。由于大棚内温度较高，蒸发量大，往往很难做到早上补水湿润到晚上，尤其是顶层。晴天中午补一次水只能维持 2 个小时，所以，每天要少量多次补水。顶层蒸发量大，一般要求播后每天补水 4 次，分别在上午 7—8 时、11 时和下午 1 时、5—6 时进行，保持盘土湿润；阴天每天补水 2 次，分别于上午 7—8 时和下午 5—6 时各喷一次水。中下层每天补水 2 次，分别在上午 7—8 时和下午 5—6 时进行；阴天可以不补水。齐苗后以盘土发白、秧苗卷叶为标准，根据需要随时补水。每次补水都要使盘土水分饱和（秧盘开始滴水），每次补水时间大约 10 分钟。

2. 控温

重点要防止高温危害。工厂化育秧棚内晴天中午最高温度可达 40℃以上，对秧苗生长有较大危害。如果采取遮光措施，对降低温度有一定作用，但势必影响采光。为此，应采取降温措施：一是通风。把门打开，把大棚边膜摇起来（育秧温室需开启通风换气系统），以加快空气流通。二是补水。中午通过补水能使温度降低 3℃以上。采取上述措施能使棚内温度不超过 35℃。

3. 增光

工厂化育秧，光照不足是一个比较突出的问题。为改善光照条件，立体苗架层间距不宜小于 50 cm。秧盘在苗架上适当分开来（间距 10 cm）对放，改善中下层秧盘的光照条件。2 叶期后，上下、里外层定期倒盘，使秧盘受光均匀。

4. 通风

通风是工厂化育秧所必需的，一可换气，二可降温降湿，三可炼苗。出苗阶段以闭棚为主，根据需要适当通风。1 叶 1 心期至 2 叶 1 心期白天通风，夜间闭棚。2 叶 1 心期后全天通风不闭棚，降温降湿炼苗。晴天温度过高时，要及时打开大棚边膜或温室的通风换气系统进行降温。傍晚要及时把膜盖好保温。

5. 防病

工厂化育秧由于温度高，要严防恶苗病、青枯病、稻瘟病发生。

恶苗病在浸种时用浸种灵或使百克防治。青枯病在 2 叶 1 心期、3 叶 1 心期喷施旱秧绿 2 号防治。稻瘟病在 2 叶 1 心期、3 叶 1 心期及抛栽前 1 ～ 2 天用稻瘟清防治。

五、移栽前准备

1. 控水炼苗

栽前 3 ～ 5 天通过打开大棚或温室农膜降低温度，并严格控制微喷灌喷水时间，促进秧苗扎根和秧苗老健，增强秧苗抗逆性。

2. 带药移栽

机插秧苗由于苗小，个体较嫩，栽后易遭受病虫危害。在栽前 1 ～ 2 天要喷药预防，坚持带药移栽。

3. 起运移栽

起盘后小心卷起盘内秧块，叠放于运秧车上，堆放层数一般 2 ～ 3 层为宜。运至田头应随即卸下平放，使秧苗自然舒展，并做到随起随运随插，严防烈日伤苗。

第四章
机械化插秧环节

机械化插秧是水稻全程机械化发展的重要环节，大力推广水稻机插高产优质栽培技术，不仅能解放劳动力和提高劳动生产率，而且节工、节肥、节水效果明显，是提高水稻综合生产能力、增加稻谷总产和提高稻作效益的重要途径，经济效益、社会效益和生态效益显著。本章重点介绍机械化插秧环节的相关知识（图 4–1）。

图 4–1　水稻机插秧作业效果图

要点提示

培育适合机插的壮秧，规范使用插秧机械，保证机插秧质量，采取相应的肥水运筹措施，实现水稻高产优质高效是水稻机械化插秧环节的重点。

第一节　插秧机的种类与特点

水稻插秧机实现高效、高质、低耗的机械化作业，满足了现代农业生产的要求，体现了水稻高产栽培技术“浅栽、稀植、壮个体、小群体、病虫害少、稳产高产”的内涵。水稻插秧机的种类很多，分类的方法也很多，现结合具体的机型介绍插秧机的种类与特点。

一、插秧机分类

1. 操作方式

按照操作方式可以分为手扶步进式和乘坐式 2 种。

2. 作业行数和行距

按照作业行数可以分为 2 行、4 行、5 行、6 行、7 行、8 行、9 行、10 行等。典型的行距为 30 cm，行数为 2 行、4 行、6 行、8 行（图 4–2）。近几年，因地区、品种和栽插时间的差异，出现了多种行距，如 25 cm、20 cm、18 cm 和 20–40–20 cm 宽窄行等插秧机，同时插秧机的行数也有所变化，衍生出 7 行、9 行的插秧机。

3. 插植臂作业方式

按照插植臂作业方式可以分为曲柄摇杆式（图 4–3）和双排回转式（偏心齿轮行星系式）（图 4–4）2 种。

图 4-2 典型的 2 行、4 行、6 行、8 行插秧机实例图

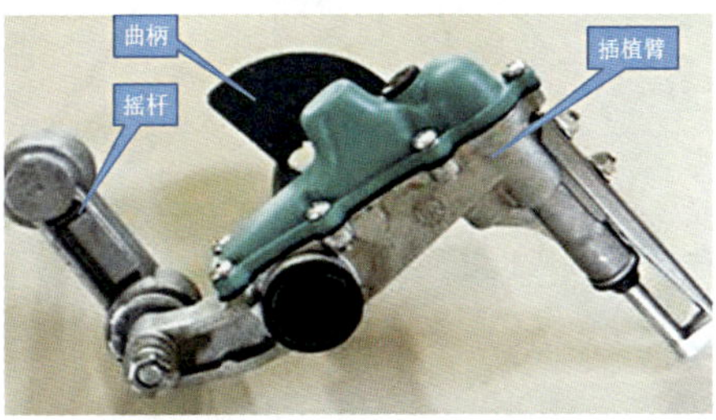

图 4-3 曲柄摇杆式插植臂结构图

图 4-4 双排回转式插植臂实例图

4. 栽插秧苗

按照栽插秧苗可以分为毯状苗（图 4–5）和钵体苗（图 4–6）。毯状苗采用软盘或硬盘育秧，秧盘长 580 mm，宽 280 mm；钵体苗结合了机插毯状苗和抛秧钵体苗的优势和特点，采用机插小钵体苗专用

育秧盘育苗，秧盘尺寸为610 mm×280 mm，深25 mm。钵体尺寸为14 mm×16 mm，深25 mm。

图4-5　普通毯状苗实例图

图4-6　机插秧钵体苗实例图

5. 驱动轮数量

按照驱动轮数量可以分为独轮式（图4-7）、两轮步进式、四轮乘坐式。

6. 功能选配

按照插秧机的功能可以分为普通插秧机、钵体苗移栽机、侧深施肥插秧机（图4-8）和施肥施药（除草剂）插秧机（图4-9）。

图 4-7 一种独轮式插秧机实例图

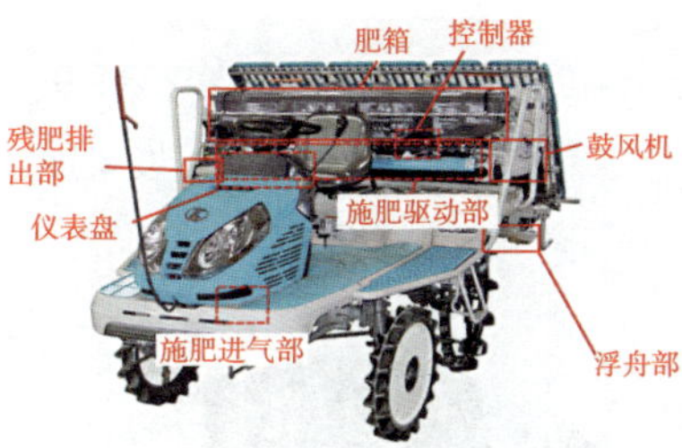

图 4-8 一种侧深施肥插秧机实例图

图 4-9 施肥施药（除草剂）插秧机作业图

二、典型结构

步进式（图 4-10）、乘坐式（图 4-11）或高速插秧机，主要由动力系统、传动系统、送秧机构、插植机构和行走装置等部分组成。

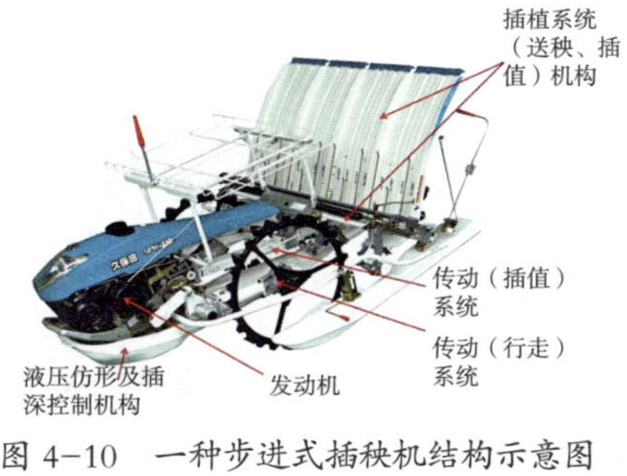

图 4-10 一种步进式插秧机结构示意图

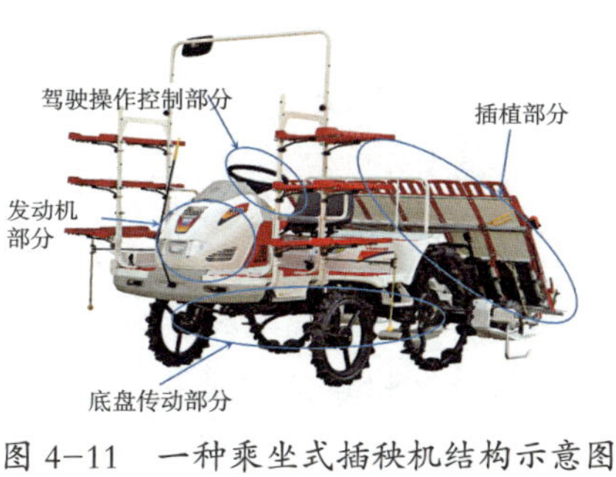

图 4-11 一种乘坐式插秧机结构示意图

1. 动力系统

图 4-12　一种步进式插秧机发动机实例图

动力系统有汽油发动机和柴油发动机 2 种。汽油发动机重量轻，同样马力下重量是柴油机的 1/3，启动方便；但相同功率消耗下，油料费用偏高。柴油发动机动力强劲，作业效率较高。步进式插秧机多采用 5.5 马力风冷四冲程单缸 OHV 汽油发动机（图 4-12）。

乘坐式插秧机多采用水冷四冲程三缸柴油发动机。如：21.9 马力的久保田 D902-ET02 发动机，21.2 马力的洋马 3TNM72 发动机，18 马力的井关 E3112-UP05 发动机等（图 4-13）。

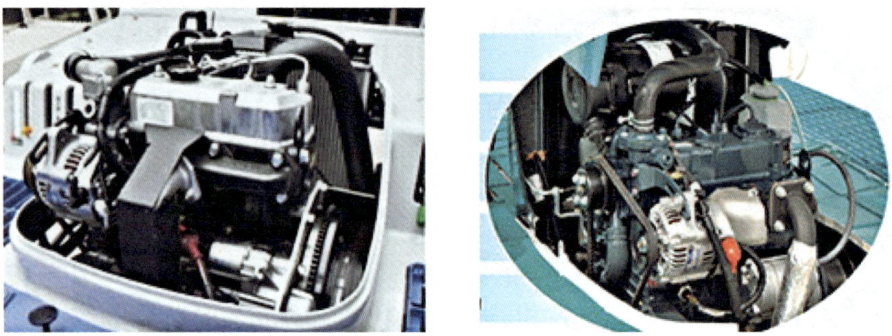

图 4-13　两种乘坐式插秧机发动机实例图

2. 传动系统

插秧机传动系统由主变速箱、插植变速箱、株距变速箱、侧边传动箱等组成。传动系统将发动机动力传递到各工作部件，主要有 2 个方向：传向驱动地轮和插植传动箱。插植传动箱又将动力传递到送秧机构和分插机构。分插机构前级传动配有安全离合器，防止秧针取秧卡住时，损坏工作部件。传动箱是传动系统的中间环节，又是送秧机构的主要工作部件。

3. 送秧机构

插秧机的送秧机构主要分为星轮式和皮带式，一般由插植传动箱驱动。在每次分插机构取秧后，送秧机构带动秧苗移动，填补已取秧位置，为下一次取秧做准备。送秧分横向和纵向 2 种，每横向取完一排秧苗，纵向送秧一次，将秧苗推向下方，为取下一排秧做准备。横向送秧分为连续式和间歇式。从理论上讲，间歇式切下的秧块比较平整。但是间歇式横向送秧振动太大，目前大多已被连续式送秧机构替代。连续式送秧机一般与分插机构同步联动，对于曲柄摇杆式分插机构，曲柄旋转一周，移动 1 个取秧宽度距离；对于偏心齿轮行星系分插机构，则旋转一周，移动 2 个取秧宽度距离。

4. 插植机构

插植机构（或称移栽机构）在插秧机上统称分插机构，是插秧机的主要工作部件之一。目前市场上最常见的分插机构是曲柄摇杆式分插机构和偏心齿轮行星系分插机构（配置在高速插秧机上），其插植臂的结构、功能和原理大致相同。取秧前，凸轮使推秧器回收，秧针（秧爪）前部腾出位置取秧，当秧针随同秧苗插入土壤中时，凸轮转到缺口处，压出臂在弹簧作用下，推动推秧器将秧苗推离秧针，直立于土壤中。

（1）曲柄摇杆式分插机构　曲柄摇杆式分插机构主要由曲柄、摇杆和插植臂组成。曲柄安装在与机架固定铰接的传动轴上，把传动轴的动力传给插植臂。摇杆一端连接插植臂，另一端固定在机架上。插植臂是一连杆体零件，前端安装秧针。由于摇杆的控制作用，插植臂把曲柄的圆周运动变为分插秧的特定的曲线运动，带动秧针完成取秧、运秧、插秧和回程等动作。曲柄摇杆式分插机构的工作过程由曲柄、插植臂、摇杆和机架组成的四连杆机构控制。当曲柄随传动轴旋转时，插植臂被驱使绕传动轴做偏心转动，但其后端又受摇杆的控制，从而使秧针形成特定的运动轨迹，保证秧针以适当的角度进入秧门分取秧苗，并以近似于垂直方向把秧苗插入土中。秧苗入土后，插植臂中的曲轮卸去对推秧弹簧的压力使弹簧推动压出臂使推秧器迅速推出秧苗，完成插秧动作（图 4–14）。

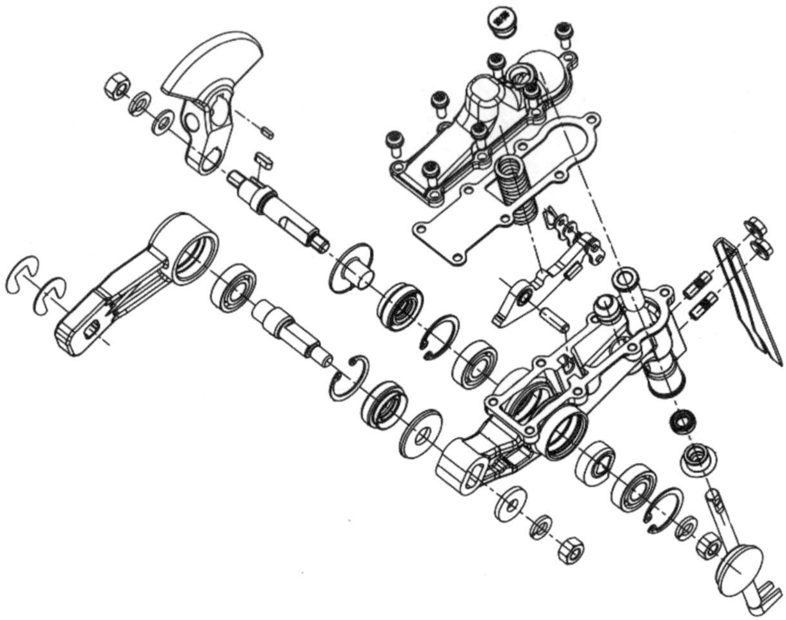

图 4–14　曲柄摇杆式插植臂结构分解图

曲柄摇杆式分插机构插秧频率一般为 200 ～ 220 转 / 分，加平衡块后，插秧频率可达 250 ～ 270 转 / 分。这种分插机构运动平稳、结构简单、密封耐用。其各铰接点均为滚动轴承，以保证转动层灵活和运动轨迹准确。传动轴上安装有牙嵌式安全离合器，在分秧和插秧阻力过大时（如秧针碰到石块、树根等），可以通过牙嵌斜面压缩弹簧自动切断动力，使插植臂停止工作，起到保护分插机构的安全作用。

（2）偏心齿轮行星系分插机构　偏心齿轮行星系分插机构属于旋转式分插机构，插植臂结构形式与曲柄摇杆式分插机构相近（图 4–15）。

图 4-15 偏心齿轮行星系插植臂

偏心齿轮行星系齿轮箱内共有 5 个齿轮，半径相同。齿轮 I 为太阳轮，固定不动，对称两边分置 2 对齿轮。靠近太阳轮的为齿轮 Ⅱ，两端齿轮为齿轮 Ⅲ，插植臂固定在末端齿轮 Ⅲ。行星系架在转动时，齿轮 I 相对行星系架转动，插植臂随齿轮 Ⅲ 相对凸轮的转动，带动推秧器完成取秧和插秧工作。由于机构旋转 1 周插秧 2 次，在中心轴转速降低（比较曲柄摇杆式）的情况下，单位时间插次反而多，而且秧针取秧速度也有所降低，伤秧率降低，取秧精度高，插秧质量好（图 4–16）。

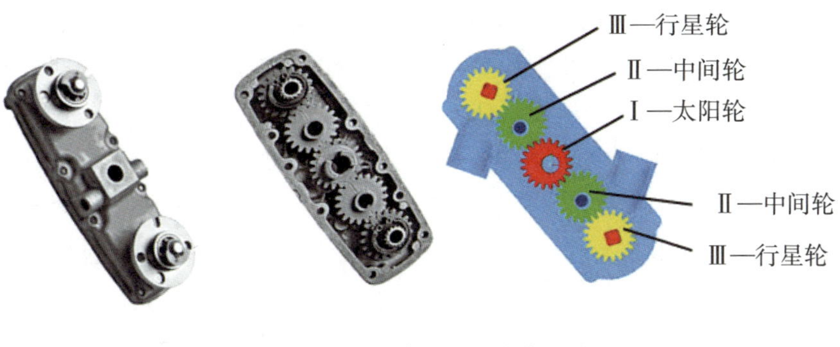

图 4-16 偏心齿轮行星系齿轮箱

5. 行走装置

插秧机的行走装置由行走轮和浮板 2 部分组成。常用的行走装置（除浮板外）一般分为四轮、二轮和独轮 3 种。行走轮要具备的条件有：在泥水中有较好的驱动性，轮圈上附加加力板；轮圈和加力板不易挂泥，具有良好的转向性能。

三、高性能插秧机特点

1. 体现水稻群体质量栽培的技术特点

高性能插秧机可以定穴、定量、宽行、浅栽，这种栽培特点能保证基本苗的数量、秧苗浅栽的低节位分蘖、宽行的通风透光特性等生长优势，为水稻高产稳产奠定了良好的基础。由于机插水稻具有下列特点：离乳期移栽，移栽后根系有植伤，返青迟 2 ～ 3 天，7 ～ 10 天基本无生长量，分蘖势强具有暴发性，成穗低穗型偏小。高性能插秧机的推广应用科学地体现了农机与农艺相融合的特点。

（1）选择适宜品种　根据当地温光资源条件及茬口布局，因地制宜选用市场认可度高的优质稻米品种。

（2）培育规格化秧苗　高性能插秧机所插的秧苗是通过标准化育秧规范培育而成的，插秧机所用的秧苗规格基本一致，插秧机就是为这样的秧苗进行精心设计的，所以高性能插秧机的栽插质量要比过去的机插秧质量高得多，更能适应现代农业发展的要求。机插秧苗采用塑盘培育，根据移栽期及适宜秧龄（叶龄）精确计算适宜播种期。根据基本苗、种子粒重等精确计算播种量，每亩大田用种量为 2.5 ～ 3.0 kg。适宜机插的壮秧，一般叶龄 3.5 叶、秧龄 18 ～ 20 天

（3）合理确定基本苗　根据秧苗素质、分蘖特性、产量构成等因素，按照基本苗公式计算栽插基本苗，合理配置行株距，确定秧爪取秧量。常规粳稻基本苗每亩 8 万～ 10 万(杂交稻每亩 3 万～ 4 万)，分蘖数约为 35 万，有效穗数约为 24 万，每穗粒数约为 100，每亩产量约为 650 kg。

（4）科学运筹管理　坚持薄水栽插、浅水护苗、活水促蘖、适时搁田、薄水孕穗扬花、灌浆结实期间歇灌溉等水浆管理方法，合理促

控群体。根据精确定量栽培原理及机插小苗群体分蘖发生与生长发育特点，精确计算总用氮量及前后期运筹比例，注意氮磷钾肥平衡施用。

2. 体现机械化插秧的高性能特点

（1）多轮驱动　高性能插秧机的行走底盘与早期机动插秧机的独轮驱动不同，高性能插秧机不论是步行机还是高速机，均采用多轮驱动，机动性能和水田通过性更好。

（2）液压仿形　高性能插秧机的分体式浮板及液压仿形装置提高了水田作业稳定性，它可以随着大田表面及硬底层的起伏，不断调整机器状态，保证机器平衡和插深一致。同时随着土壤表面因整田方式而造成的土质硬软不同的差异，保持浮板一定的接地压力，避免产生强烈的壅泥起浪而影响已插秧苗，确保了机插质量的稳定（图 4–17）。

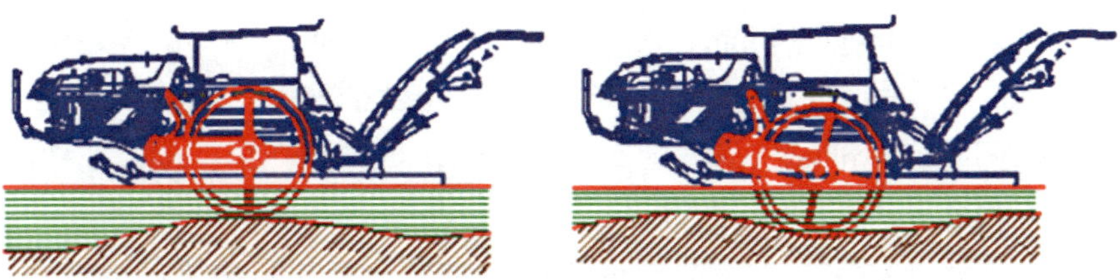

A. 底土层变高，机体下降，插深不变　　B. 底土层回落，机体上升，插深不变

图 4–17　插秧机液压方向作用示意图

（3）切块和量化取秧　高性能插秧机取秧采用切块（抓取秧苗根部的小土块）的原理，可以避免过去插秧机秧针直接抓取秧苗造成叶伤、折伤、切断等伤秧情况的发生。由于插秧机抓取的是带苗的小土块，改变所取小土块的面积，就可以改变所取秧苗的数量。因此，高性能插秧机上配有调整取秧数量的手柄，由纵向取苗与横向取苗手柄配合能提供 0.86 ～ 2.38 cm^2 内 30 个量化的面积和形状，可以方便调整所取秧苗的数量。由机手根据农艺要求进行调节，量化取秧是高性能插秧机的重要特点（图 4–18）。

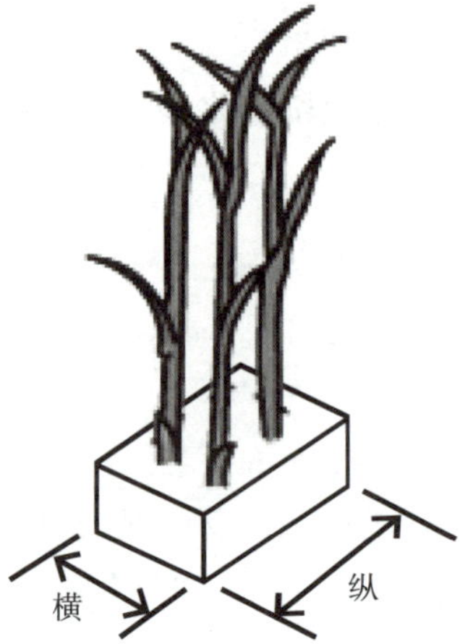

图 4-18　秧块切块和量化取秧示意图

（4）株距和插深可调　高性能插秧机株距可以多挡调节，株距可达 10 mm、12 mm、14 mm、16 mm、18 mm、21 mm、24 mm 等，可以满足不同水稻品种和栽插时间所需要的大田栽插密度。插秧深度也可以多挡调节，标准插秧深度为 5 ～ 10 mm，每调整一个挡位，插秧深度就会改变 6 mm。

（5）作业效率高，省工节本增效　乘坐式高速插秧机动力强劲，插秧速度快，每小时可以插到 6 ～ 9 亩秧田，远远高于人工栽插的效率。

（6）操作方便机动性好　高性能插秧机大量采用高强度铝合金、工程塑料等材料，通过先进的工艺及设备制造而成，整机重量轻，从而保证了机器使用的耐久性与可靠性。机电一体化程度高，操作灵活自如，充分保证了机具的可靠性、适应性和操作灵活性。安全舒适、保养简单、踏板宽敞、空间充裕能够实现更舒适的作业。

第二节 插秧机的调整

一、乘坐式插秧机的操纵手柄（杆、板）

1. 发动机控制部分

（1）钥匙开关　用于发动机的起动与停止，“停止”位置发动机停止，“运行”位置电器元件开始工作；“起动”位置起动电机转动（图 4–19）。

（2）加速杆　当杆拉起向“”时，油门加大，发动机转速增加；杆前推向“”时，发动机转速下降（图 4–20）。

（3）油门踏板　主要用于加大油门，以增加发动机转速，配合手油门应用（图 4–21）。

图 4–19　一种乘坐式插秧机钥匙开关实例图

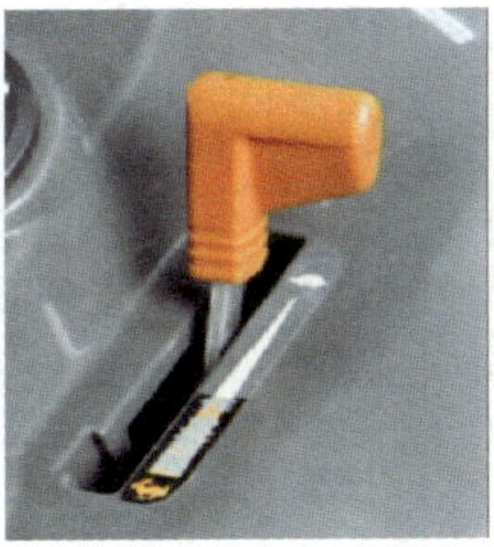
图 4–20　一种乘坐式插秧机油门加速手柄实例图

图 4–21　一种乘坐式插秧机油门踏板实例图

（4）风门手柄或熄火拉杆　用以调整汽油发动机主喷口的进风量，在气温低、发动机不易起动时，拉出手柄以便于起动发动机。在起动发动机后，要将此手柄推入。柴油版没有此手柄，改为柴油机强制熄火拉杆（图 4–22）。

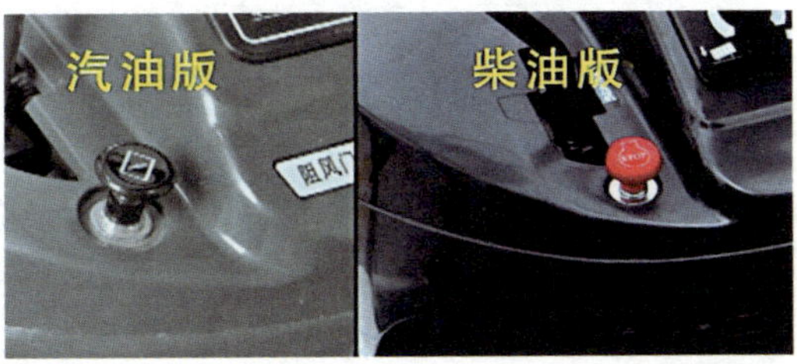

图 4–22　乘坐式插秧机汽油版风门手柄和柴油版熄火拉杆实例图

图 4-23　一种乘坐式插秧机油水分离器和油料开关实例图

（5）燃料开关　用于控制供给或停止燃料。“开”位置燃料可供给发动机；“关”位置燃料不供给发动机；在收藏时将燃油开关拨至“关”位置。另外要排空燃料箱和化油器中的汽油。机器出厂和运输时燃料开关放在“关”的位置（图 4-23）。

2. 机器操纵部分

（1）主变速杆　用于行进方向与行走速度的切换，乘坐式插秧机可在移动、中立、补苗（PTO）、前进（插植）、后退等 5 挡切换。“移动”挡可用于高速行走在农道上时等，在水田内不宜使用。“中立”及“补苗”挡会断开底盘车轮的驱动，仅可驱动插秧部。“前进”挡可用于插秧作业、在水田内的移动、向卡车装卸、出入水田、低速行驶在农道上时。“后退”挡可在机身后退时使用。变挡位时要踩下主离合器踏板后，才能将主变速手柄打到合适的位置，再慢慢松开主离合器踏板，即可前进或后退。改进后的新机型分前进挡、中立挡、补苗挡、后退 3 挡及 4 挡，实现发车、停车和加速、减速单手柄操作，减除主离合器装置，操作更简单（图 4-24）。

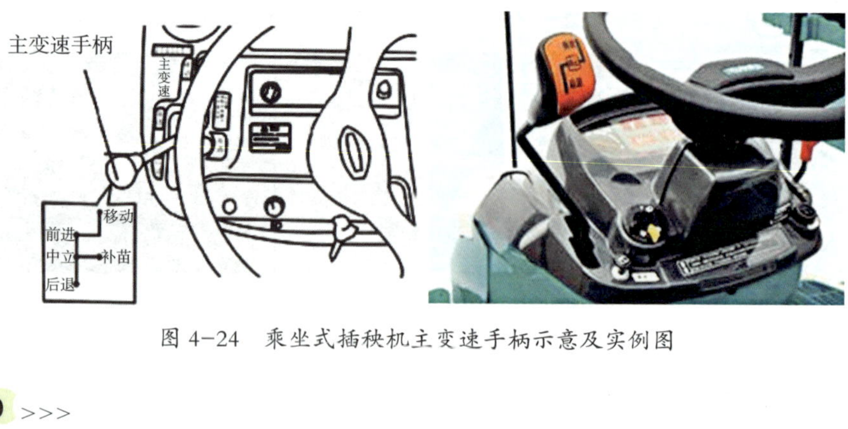

图 4-24　乘坐式插秧机主变速手柄示意及实例图

（2）副变速杆　采用 HST 无级变速装置，通过调整皮带的速比来改变车速。向前推，车速加快，用于道路行驶；向后拉，车速变慢，用于田间作业（图 4–25）。

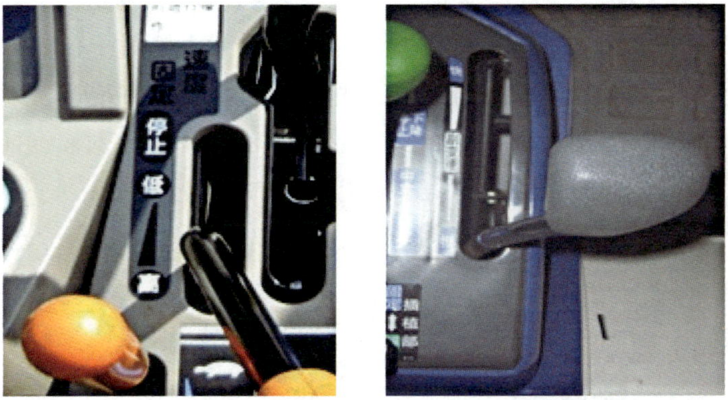

图 4–25　两种乘坐式插秧机副变速手柄（速度固定手柄）实例图

（3）刹车踏板　用于行走中的停止及停车，在起动发动机时也要踩下刹车踏板。刹车锁定时，将刹车踏板踩到底，把刹车锁定手柄置于“锁定”位置上后，即挂上了刹车锁止；解除时，只需轻踩刹车踏板，刹车锁定手柄便回至“解除”位置，刹车锁定被解除。人员长时间离开插秧机，或将插秧机停靠在斜坡上时，须锁定刹车（图 4–26）。

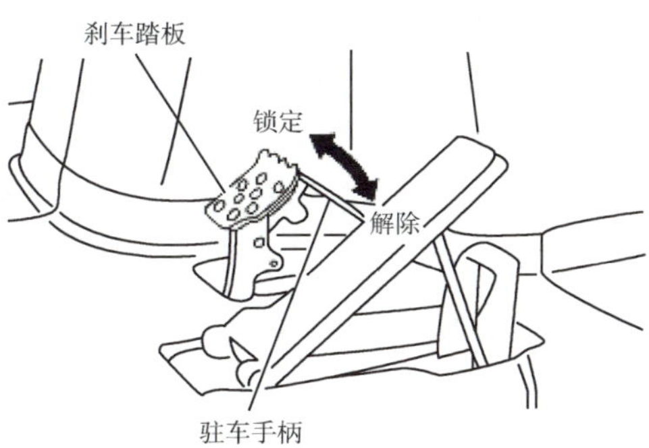

图 4–26　一种乘坐式插秧机刹车踏板和锁定装置示意图

（4）液压锁止（载秧台升降）手柄　用于在移动、检修、入库保管等时对载秧台加以锁定，不让插植部下降。“锁止（关或下降停止）”位置可将插植部的升降锁住，插植手柄置于“升”“降”位置上，插植部不会升降；“开（解除）”位置恢复插植部升降功能。不要在液压锁止手柄置于“锁止”位置的情况下，将插植手柄置于插植升降“升”位置上，否则变速箱油的温度会上升，引起液压元件损坏。

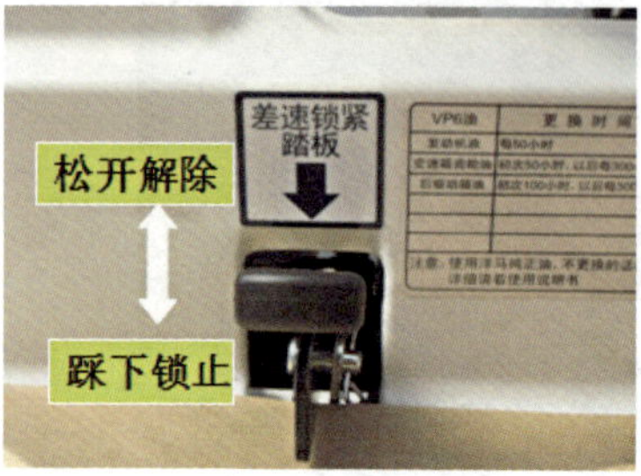

图 4–27　一种乘坐式插秧机差速锁踏板实例图

（5）差速锁　只对前轮起作用，用于应对在跨越田埂或水田移动时，单只前轮出现打滑、不易行走的情况。踩下差速锁踏板前，要将方向盘打直，然后降低车速踩下差速锁踏板，左右前轮被锁定起来，以防止单轮空转引起的打滑（图 4–27）。

（6）防下陷手柄　用于当田块过于泥泞，导致插秧机速度变慢或停止时，从泥泞中脱困。原理是增加一个低速挡，从而增加扭矩，这样可以减少下陷的概率。但是要注意，一般在这种状态下不能插秧。

3. 插植工作部分

（1）插植离合器杆　用于插植部分的动力切断与传递，并且与插植部分的液压升降和划线杆联动，完成提升与下降。“升”位置用于插植部上升，“中立”位置可将插植部停在任意高度，“降（离）”位置用于插植部下降或停止工作；“插植（合）”位置用于插植部动作；划线杆可操作划线杆，“左”位置可将左侧划线杆放下，“右”位置可将右侧划线杆放下（图 4–28）。

（2）液压敏感度调节手柄　根据田块表土的软硬程度，改变液压传感器的敏感度，由软到硬可进行 7 个阶段（1 ～ 7）的调节。“软田”侧液压灵敏度提高（敏感），“硬田”侧液压灵敏度降低（钝感）。当地表较硬或插植速度加快时，手柄置于“硬”的位置，可加强浮板平地的能力，保证一定的插深。软土田（浮船积压泥土时）用“1 ～ 3”，标准田用“4”，硬田用“5 ～ 7”（图 4–29）。

插值离合器手柄挡位图

图 4–28　一种乘坐式插秧机插植离合器杆实例及示意图

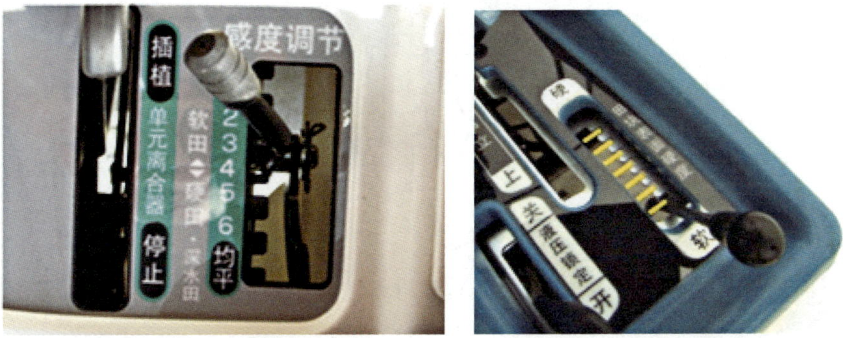

图 4–29　两种乘坐式插秧机液压敏感度调节手柄实例图

（3）插植部水平调节（UFO 操作开关）　田间不平使插秧机倾斜或插秧作业中插植部向左或向右倾斜时，使用此开关（自动或手动）可以保证插植部（载秧台）的水平平衡（图 4–30）。

（4）株距调节手柄　分为株距主调节手柄（小株距）和副调节手柄（大株距），两者配合使用实现不同的株距变换（图 4–31）。株距分别为 10（11）cm、12 cm、14 cm、16（17）cm、18 cm、21 cm、24（25）cm（表 4–1）。调节挡位手柄时，需把主变速手柄放在“中立（PTO）”位置，油门手柄放在低速位置。

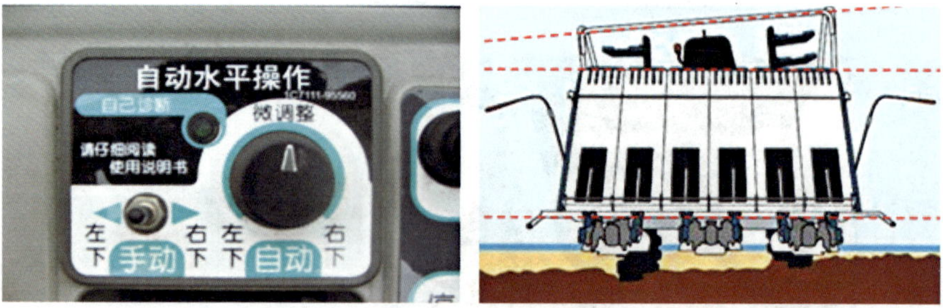

图 4–30　一种乘坐式插秧机插植部水平调节实例和示意图

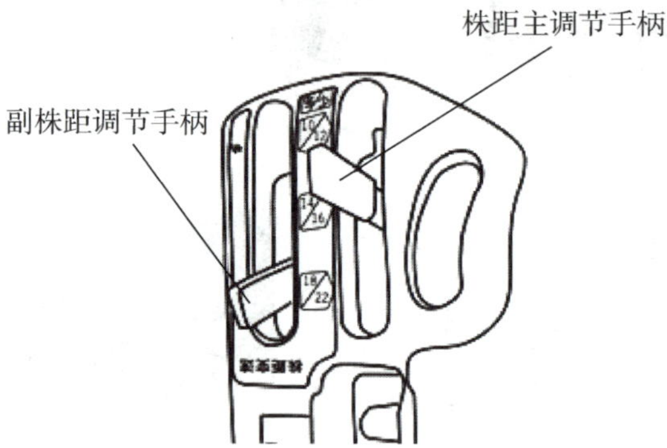

图 4–31　一种乘坐式插秧机主株距调节和副株距调节手柄示意图

表4–1　一种乘坐式插秧机主副株距调节参数表

主副株距调节手柄	可调节的行距			
窄	A	B	C	D
	10 cm	12 cm	14 cm	16 cm
宽	E	F	G	
	18 cm	21 cm	24 cm	

（5）插植深度调节手柄　调节杆通过杠杆机构，调整浮板与插植部秧针的距离，改变插秧深度。有 7 个位置，“深”侧插植深度变深，“浅”侧插植深度变浅（图 4–32）。

（6）插秧深度补偿自动调节开关　开关处于“ON”位置，用于深水田块高速作业时，自动修正插秧深度。此开关只有全自动插秧机有。

（7）插植部单元离合器　以相邻两行插植臂为单位，通过停止秧苗纵向输送和插植臂驱动，来停止相邻两行插秧的手柄（图 4–33）。

图 4–32　一种乘坐式插秧机插秧深度调节手柄实例图

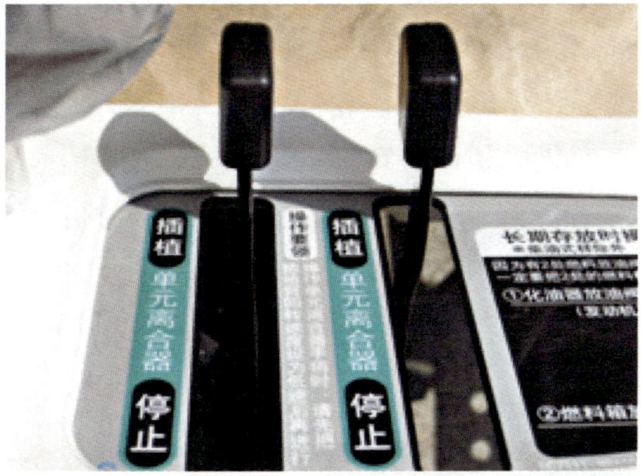

图 4–33　一种乘坐式插秧机插植部单元离合器实例图

（8）取苗量调节手柄　送秧机构通过纵向和横向取苗量手柄实现横向多次和纵向定量取秧动作，秧针（爪）横向按设定次数（小秧块宽度）切取完一排小块秧苗后，纵向送秧机构通过棘轮机构带动送秧轴间歇传动，送秧轴带动送秧皮带按设定的纵向长度向下送秧一次，推动秧块向秧门送秧苗，为切取下一排小秧块做好准备。纵向取苗量调节手柄调节时，要注意和横向取苗量调节手柄的调整相一致，以保证秧针（爪）每次取出的苗的形状接近于正方形（图 4–34）。

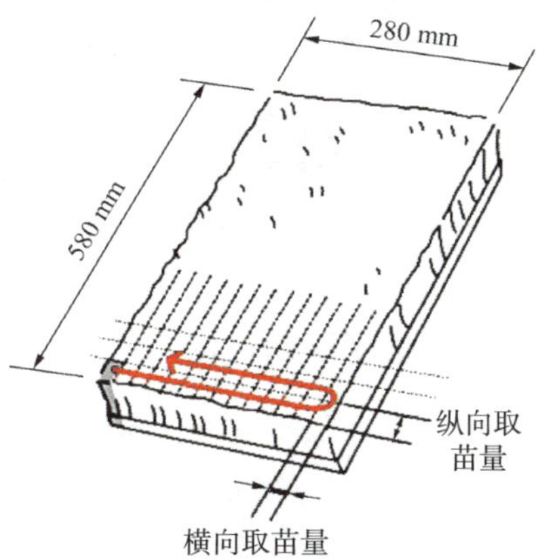

图 4–34　秧块取秧示意图

① 纵向取苗量手柄。纵向取苗量手柄调节的是秧箱与秧针的位置，从而达到调整纵向取苗量的目的。单穴苗的取量可根据苗的状态分 10（11）挡调节，每挡变化 1 mm。“多”侧表示纵向取秧长度变大，最多达 17（18）mm，单穴取秧株数增多。“少”侧表示纵向取秧长度变小，最少达 8 mm，单穴取秧株数减少（图 4–35）。

② 横向取苗次数切换手柄。拉动横向取苗次数切换手柄可以改变插植齿轮箱内齿轮的配比，使带动秧箱横向移动的螺旋轴的转速发生变化，从而实现横向取秧宽度的变化。横向送秧量可分 3 ～ 4 个挡位进行调节，如 30 cm 行距的插秧机：“16”“18”“20”“26”表示分 16、18、20、26 次横向取完宽度为 280 mm 的秧块；25 cm 行距的插秧机：“13”“14”“16”“20”表示分 13、14、16、20 次横向取完宽度为 230 mm 的秧块（图 4–36）。

图 4–35　一种乘坐式插秧机纵向取苗量手柄实例图

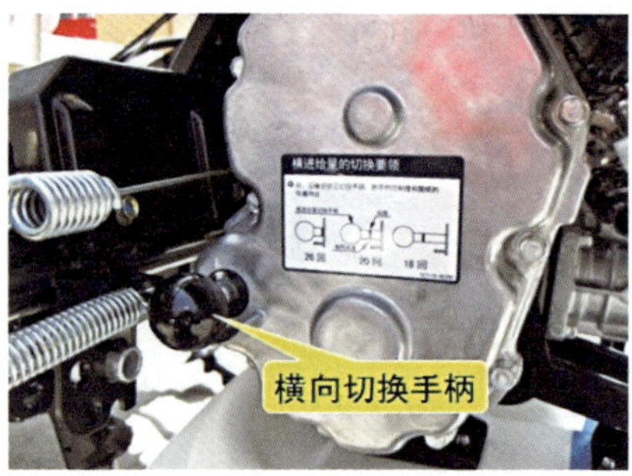

图 4–36　一种乘坐式插秧机横向取秧次数切换手柄实例图

4. 关于联动机构

（1）钥匙开关与刹车踏板　起动发动机前，要先把刹车锁定手柄置于“锁定”位置上，即挂上刹车锁止；同时确定主变速手柄、插植离合器手柄处于“中立”位置。

（2）插植手柄与主变速手柄联动　如果插植手柄处于“合（插秧）”或“下（降）”位置，则应把主变速手柄位置从“中立”拉到“后退”位置时，插植手柄自动回到“升”位置，插植部升起。

（3）副变速手柄与刹车踏板 如果副变速手柄速度被固定在高挡或低挡时，则应刹车踏板踩下后，手柄自动回位，速度固定解除。

（4）其他 随着自动化程度的提高，部分高性能插秧机可以通过主变速手柄简单关停发动机，并再次起动发动机；也可以将插植离合器手柄的功能集成到主离合器手柄上，实现单手柄操纵；有的还可以实现田间作业过程中到田头转弯和倒退时，插植部自动升起停止插秧，直行开始插秧时自动下降插秧，插植部开始工作（图 4–37）。

图 4–37 一种乘坐式插秧机单手柄操作实例图

5. 关于侧深施肥装置

（1）施肥作业流程 见图 4–38、图 4–39。

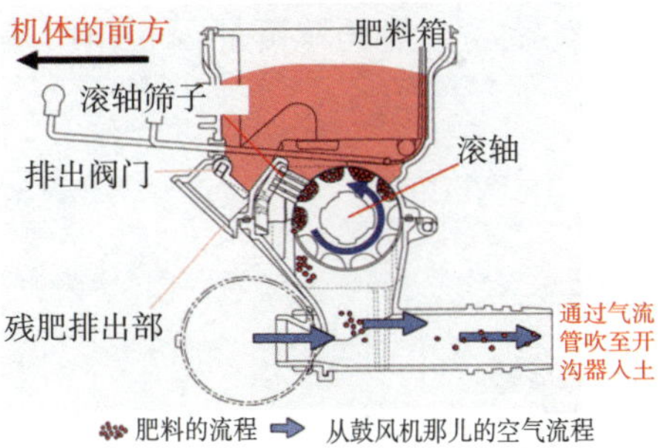

图 4–38 一种乘坐式侧深施肥插秧机施肥装置工作流程示意图

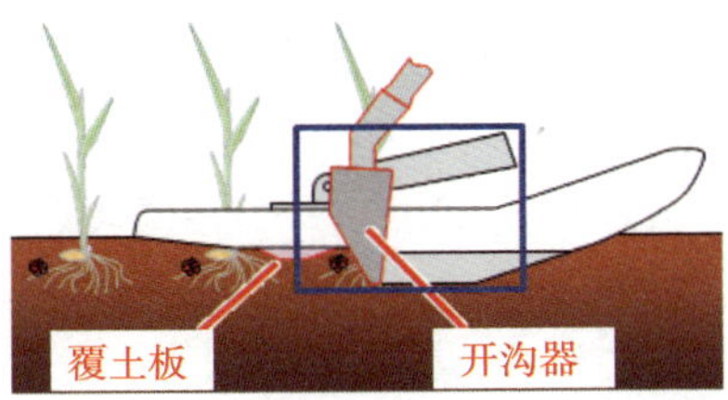

图 4–39 一种乘坐式侧深施肥插秧机施肥装置开沟器施肥示意图

（2）一种施肥装置参数介绍

① 肥料种类：颗粒状肥料。

② 施肥方式：侧行开沟施肥。

③ 施肥位置：秧苗侧方为 4.5cm，深度为 5cm。

④ 肥料斗容量（L{kg}）：73.5{66}。

⑤ 供肥方式：带槽滚筒式。

⑥ 供肥量调节方式：把手转动 + 杆切换式。

⑦ 供肥量调节范围（kg/ 亩）：10 ～ 60。

⑧ 覆土方式：浮舟与覆土板。

二、乘坐式插秧机的检查调整

1. 发动机部分

正确使用汽油（93# 或 97#）、轻柴油和机油（10W/30），机油首次更换时间为 20 小时，以后每 50 小时更换 1 次；机油滤芯首次更换时间为 20 小时，以后每 200 小时更换 1 次（滤芯安装前在○形圈上涂抹机油）；空气滤芯每隔 100 小时清扫 1 次，每 300 小时更换 1 次，清扫时轻轻敲击拍打或用气泵、气筒从内侧向外吹，把灰尘清扫干净；海绵滤芯每 25 小时清扫 1 次，若是太脏，则可用肥皂水清洗后，再用清水洗，并充分干燥后再安装；检查保险丝是否损坏，电瓶电力是否充足，正负极桩头安装是否牢固和氧化；冷却水箱保证内部有满箱水量；检查发动机的传动皮带是否磨损异常，张紧弹簧是否起作用或脱落（图 4–40）。

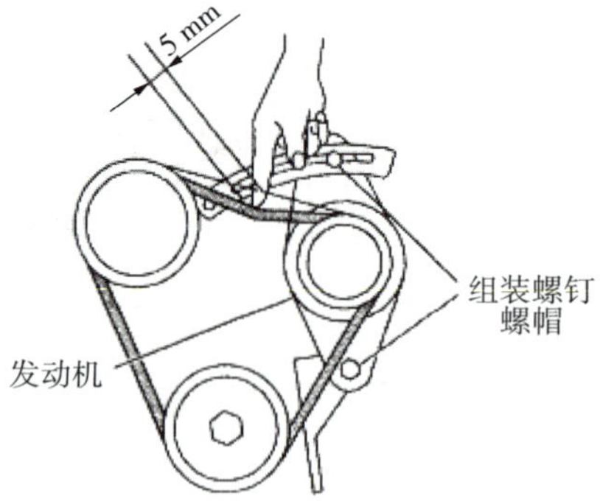

图 4–40　一种乘坐式插秧机发动机传动皮带张紧度示意图

2. 插植部分

（1）插植臂注油方法 插植臂油量 25 ml（0 # 钼基黄油或高黏度齿轮油），每天作业前需要确认插植臂内油量是否足够。不足时需要添加，注油量为 1 ～ 15 ml。如不及时添加润滑油，则会导致插植臂内部的部件损坏（图 4–41）。

图 4–41 一种乘坐式插秧机插植臂加油口实例图

（2）正常情况下插植部不运转 首先检查株距主变速手柄和副变速手柄有没有挂到位，然后检查插植离合器起不起作用，最后检查调节株距手柄是否在挡位上。

株距手柄调整方法：

① 副变速杆放在“中立（停止）”挡位置，踩刹车踏板启动发动机（变换挡位时，机器一定要在静止状态）。

② 插植部上升后把解除手柄放在固定位置。

③ 插植手柄放到插植的位置，并将主变速杆向前推一点。

④ 变换株距副变速手柄并检查株距手柄是否在相应的位置。

（3）相邻插植臂中有任一组不工作 先检查插秧离合手柄是否在连接位置，然后检查连接插秧离合手柄和单元离合器的拉线是否过松，是否能起到控制离合器的作用。

（4）在工作中有一组插植臂不工作并发出“咔咔”声 首先检查插植臂针（爪）在取苗口是否打到异物，安全离合器是否起作用，如有，则将异物取出。其次检查秧针（爪）是否打到抵抗棒或导轨取苗口上，如有，则调节插植臂秧针（爪）在取苗口的位置（图 4–42）。

（5）插植叉不弹出或弹出速度迟钝 检查插植叉轴是否弯曲变

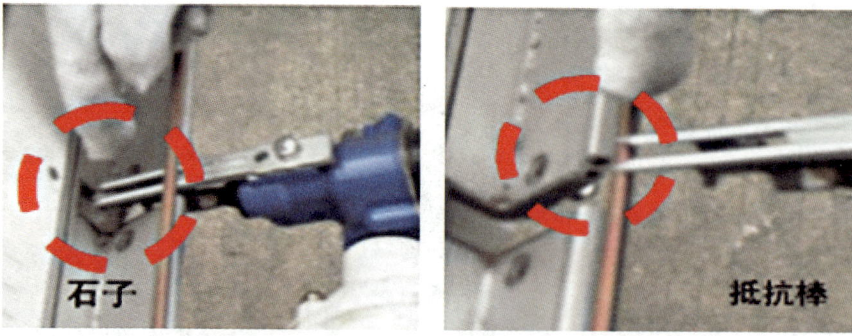

图 4-42　一种乘坐式插秧机插植臂两种故障实例图

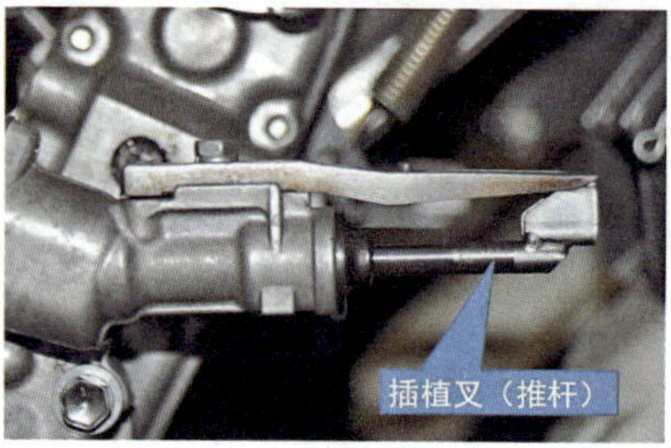

图 4-43　一种乘坐式插秧机插植叉故障实例图

形、插植叉是否磨损或严重生锈、压出弹簧是否缺油老化损坏、插植臂里是否严重缺油（图 4–43）。

（6）秧针（爪）磨损程度和标准取苗量检查调整　用手动转动插植回转箱，插植叉（推杆）处于弹出状态时，秧针（爪）尖端超出插植叉（推杆）的前端 2 ± 1 mm，秧针（爪）磨损尖端比插植叉前端短 3 mm 以上时需要更换。例如，一种插秧机秧爪安装的标准长度为 83 mm，使用磨损极限为 3 mm，达到 80 mm 就要及时更换秧爪（图 4–44）。

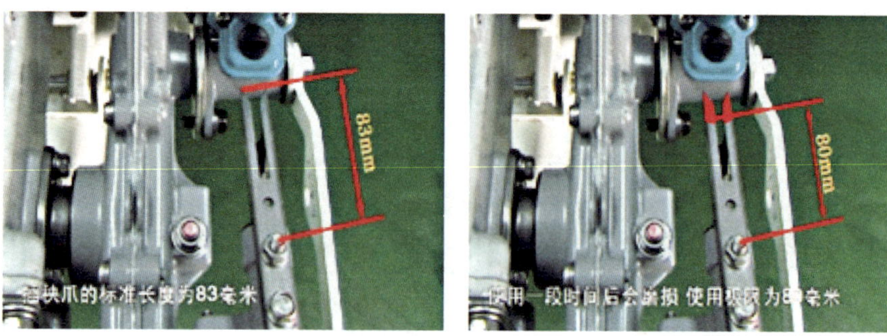

图 4-44　一种乘坐式插秧机插植臂秧针磨损度实例图

插植臂使用过程中或秧针（爪）更换后要重新确认秧针（爪）纵向取苗量：先启动发动机，升起插植部，将液压锁止手柄置于“关”的位置，插植离合器手柄置于“插秧（合）”的位置，副变速手柄置于“中立（停止）”的位置，关停发动机。将纵向取苗量调节手柄放置在中间有颜色标记的“取苗量 13 mm”的标准位置，取苗量规放在导轨上的取苗口位置，然后转动插植回转箱直到秧针（爪）碰到取苗量规。松开插植臂的 2 个 M8 固定螺栓，用手抬起插植臂，将秧针（爪）轻轻地与取苗量规接触，用螺丝刀调节秧爪高度调节螺钉，使秧针（爪）的前端与取苗量规的“取苗量 13 mm”标准位置对齐，紧固插植臂的 2 个紧固螺栓，旋转插植臂，再以同样的要领调节另一个秧针（爪）（图 4-45）。

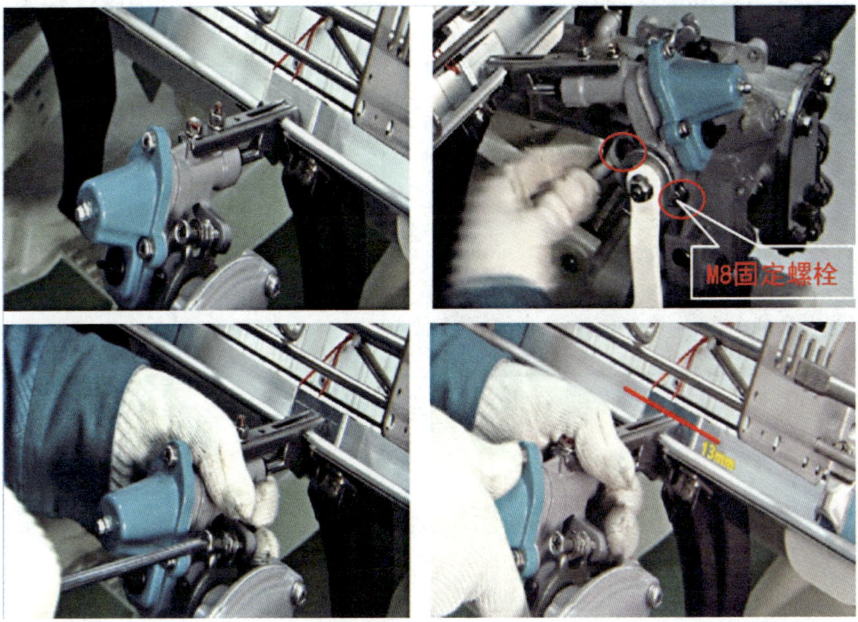

图 4-45　一种乘坐式插秧机插植臂秧针（爪）高度调节流程实例图

（7）取苗口与秧针（爪）间隙检查调整　定期确认秧爪是否在取苗口的中间位置，若秧针（爪）的前端没有左右匀称地对准取苗口，会引起取秧的不良后果，需要进行调整，可以通过调整插植回转箱的位置进行调整。具体步骤为：将回转箱的M8调整螺母松到螺栓的端面，轻敲螺栓端面，松开锥形销；秧规装在取苗口，轻轻敲击回转箱，调整秧爪到取苗口的中间位置，可将插秧爪的前端对齐秧规的竖沟，拧紧回转箱的锁紧螺母。组装时注意锥形销安装方向，销上有平面的一面要对准轴上有平面的一面（图 4-46）。

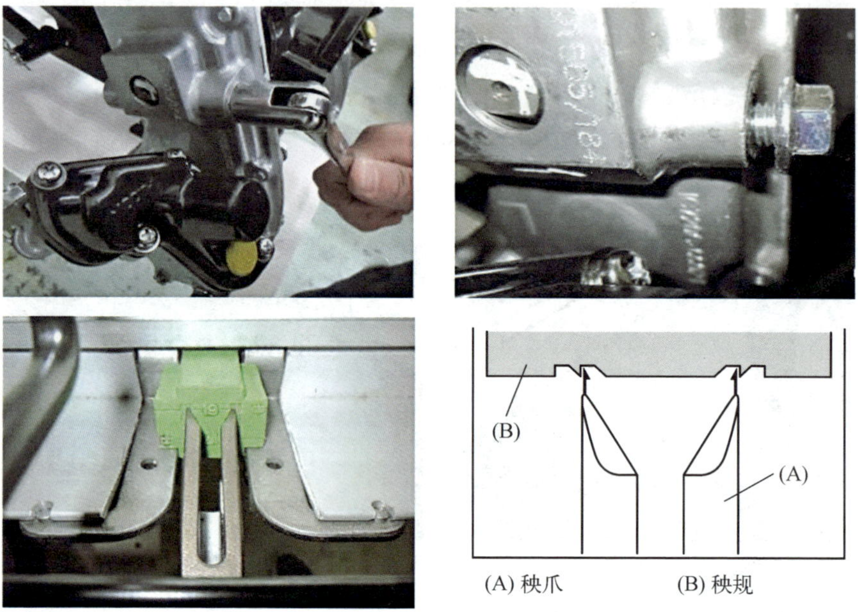

图 4-46　一种乘坐式插秧机取苗口与秧针间隙调整流程实例及示意图

第三节　插秧机田间作业时的要点及注意事项

一、机插秧作业方法

1. 进出田块的方法

（1）机器准备　检查冷却水、空气滤清器、油水分离器（沉淀杯），确认燃料和机油足够，钥匙开关置于“运行”的位置。

（2）预设参数　将划线杆从挂钩取下，调整中央标杆和侧边标杆，将载秧台滑动保护杆设置在作业位置。将插植深度调节手柄置于中间标记的位置，土壤软硬液压敏感度置于“标准”位置，纵向取苗量调节手柄置于“中”位置，根据秧苗状态设定横向取苗次数，按照当地要求将株距（穴距）变速手柄置于预定株距的位置。

注意事项：株距手柄难以切换时，先起动发动机，将主变速手柄置于“中立”位置，刹车踏板置于未锁定状态，轻踩变速踏板后再调节。

（3）放秧　插植离合器置于“插植（合）”位置，缓缓将主变速手柄置于“前进”位置，轻踩变速踏板，插植部开始工作；当载秧台移到左端或右端，纵向送秧皮带间歇向下传动时，立即将插植离合器手柄置于“下降（离）”位置，停止插植部驱动，关停发动机。将秧苗放在载秧台和预备苗台上，同时调整苗床压杆和压苗板。

行家指点

秧苗高度与插植姿势关系密不可分，苗床压杆的固定位置可根据秧苗条件进行调节。一般为离开秧苗表面 1.0 ～ 1.5 cm，同时要确认苗床压杆是否与载秧台平行。当苗床水分过足时，调节压苗杆间隙可有效防止苗床拱起，保证秧苗栽插姿势（图 4-47）。

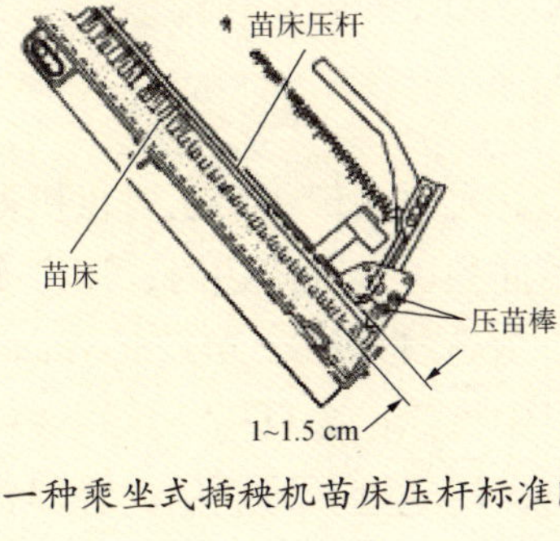

图 4-47　一种乘坐式插秧机苗床压杆标准间隙示意图

（4）进出田块方法　起动发动机，插植手柄置于“上升”位置，将插植部上升后回到“中立”位置，并将液压锁止手柄（载秧台升降开关）置于“锁止（下降停止）”位置；主变速手柄置于“前进”或“后退”位置，油门手柄置于“低速”位置，用低速度进行操作。进入水田后，在平坦的田边停止行驶，将副变速手柄置于“中立（停止）”位置。

行家指点

田埂和水田落差大时，要使用跳板；副变速手柄置于“低挡（田间作业）”，较低油门；用主变速手柄进行行驶和停止操作，田埂或斜坡的倾斜方向与机器的前进方向保持一致；翻越田埂或斜坡时，往上行驶应当用后退方式，向下行驶时应当用前进方式，并视情况踩下前轮差速锁定踏板。

2. 试插秧

起动发动机，推动油门手柄，使发动机在中速以上，插植手柄置于“插植”位置。将划线杆倒向栽插行的左侧或右侧，做好栽插准备。将副变速手柄置于“田间作业（低速）”位置，主变速手柄置于“前进”位置，开始试插作业。前进 3 ～ 5 m 后，将主变速手柄置于“中立”位置，对插秧参数进行必要的确认和调整。

3. 田间作业方法

（1）插秧方法　首先要在田边留出可供机器往返的空间，从此处沿田块长度方向开始插秧。接近田边时，用主变速手柄减速，然后操作插植离合器手柄，升起插植部。接着将方向盘转向将要栽插的行，进行转向。转向时以中央标记为目标，将划线杆的划线痕与中央标记的位置对准，使机身保持笔直。将插植离合器置于“插秧”位置，降下插植部，再将划线杆设置在下一行程的插秧侧，操作主变速手柄，提高插秧速度。从下一行程起重复插秧，插完田边的秧苗后从出入口出去。

若田间水过深，划线杆划出的痕迹就不易看清，故要把水位降至 1 ～ 2 cm 再作业。也可将侧标杆对准邻行秧苗上方，行距大致保持在 30 cm。接近田埂时，考虑剩余行数，必要时进行行数调整，使最后一行可以满负荷插植。如还剩 10 行时，可在最后行程前一趟，使用插植单元离合器，停止边上 2 行，最后一趟插满 6 行（图 4-48）。

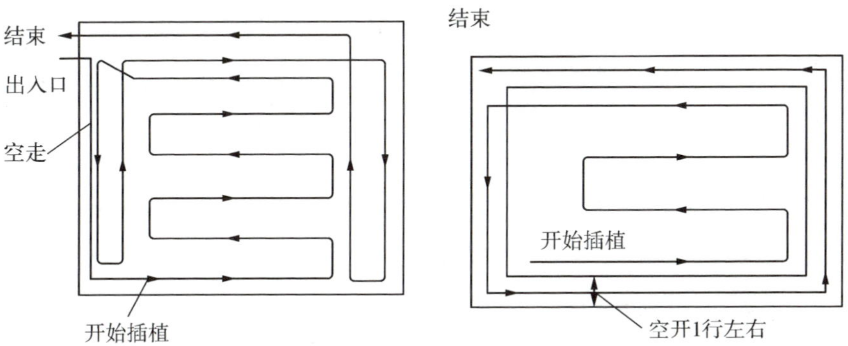

图 4-48 乘坐式插秧机两种插秧路线示意图

（2）补苗方法　载秧台秧苗需要补充时，警报器报警，补苗报警灯亮。将脚从变速踏板放开，踩下刹车踏板，将主变速手柄置于“补苗”位置，升起载秧台进行补苗。补苗后，插植升降手柄置于“插植（合）”的位置后，将主变速手柄置于“前进”位置，踩下变速踏板，机器前进继续插植作业。

行家指点

剩余秧苗取出不要时，要关停发动机，将苗床压杆抬起。将载秧台移至最左端或最右端再补入新苗，这样可使秧爪从苗床最右或最左按顺序取苗。否则，会造成取苗姿势不当或导轨堵塞。

二、机插秧有关参数的确定

1. 穴苗数

（1）标准穴苗数　标准穴苗数是指插秧机每穴应栽插的标准秧苗数，穴苗数是由插秧机取秧面积、播种密度来决定的。在实际作业中，应通过调整取秧面积，使得插秧机栽插的穴苗数尽量符合标准穴苗数。以平均穴苗数 3 ～ 5 株，以横向送秧 20 次、纵向送秧 13 mm 为例，秧苗平均成苗密度要达到 1.5 ～ 3.0 株 /cm^2。

（2）平均穴苗数的查定方法　查定时一般采用五点取样法，即在田块中间和四边各选取一个点进行取样，选定区域应分布均匀，离田埂一个作业宽度以上。

随机取 5 个区，每区 1 行 20 穴，数出每穴株数，合计总苗数除以 100 可以得出栽插平均取苗量（穴苗数），看看是否达到作业预期，也可以验证之前的计算是否正确。

2. 株距的确定方法

株距是机插秧影响每亩基本苗的主要变量，应该根据农艺要求确定的基本苗数来选用适宜的株距。计算株距需要用到的基本变量是每亩基本苗数和平均穴苗数。

每亩栽插穴数 = 每亩基本苗数 / 平均穴苗数

株距（cm）=（667 × 10 000）/（每亩栽插穴数 × 行距）

三、机插秧质量控制

（1）在插秧中发生有浮苗现象　机插秧发生浮苗现象的原因通常为：

① 田间土太硬，液压调节手柄没有放到合适的位置。

② 田间水太深，插秧速度过快（可以放水并减慢插秧速度）。

③ 插植杆插植叉弹出缓慢或不弹出。

（2）苗箱上秧苗下滑不良的解决方法　秧苗床土太干，装秧时在苗箱上洒水；秧苗床土太厚，将压苗器向外调节；秧苗要摆放规范到位。

（3）在正常插秧过程中出现漏插　出现漏插的原因主要为：

① 取苗量太少（可以调节取苗量调节杆）。

② 插植臂秧针高度不一致，部分秧爪取苗量很少。

③ 插植臂缺油，插植叉工作不良。

④ 秧苗播种不均匀。

⑤ 床土太干或太厚，下滑不良（可以在苗箱上洒水并调整压苗器位置）。

⑥ 泥土太黏或田间缺水，夹在秧针上插不下去（可以在苗箱上加适量水）。

⑦ 送秧皮带送苗量太小（可以调节送苗量）。

⑧ 抵抗棒位置摆放不正确（可以调整抵抗棒到合适位置）。

⑨ 两块苗接口没接好，在取苗口出现堵秧现象。

⑩ 秧苗土层太薄，盘根不良，易散苗。

（4）在插秧中出现断苗、折苗　出现断苗、折苗的原因通常为：

① 秧苗土层太薄，盘根不良，易拱苗，在取苗口出现堵秧现象。

② 抵抗棒位置不正确（可以调整抵抗棒到合适位置）。

③ 秧苗太小、秧龄时间短，苗太嫩，容易出现伤秧。

④ 秧针磨损严重，更换秧针。

第五章
机械化田间管理环节

第一节　机械化植保采用的装备及技术要求

植物保护是粮食生产过程中的重要环节，是水稻丰产丰收不可缺少的措施之一。近年来，受极端天气影响，水稻病虫草害多发，防控任务繁重。大力发展高效植保机械化装备、推广高效植保机械化防治技术，已成为发展生态循环农业、确保粮食安全的客观要求，也是发展粮食生产全程机械化十分重要的内容。

一、水稻主要病虫草害

1. 病害

在水稻的不同生长期，主要的病害有褐叶病、白叶枯病、稻纹枯病、穗颈瘟病、稻曲病等。水稻病害多发生在水稻分蘖期和孕穗抽穗期，如果不及时进行有效处理就会使水稻枯萎、不出穗、根部腐烂等，严重影响产量及米质。

2. 虫害

在我国水稻产区，已知的害虫种类在200种以上，主要有稻飞虱（褐稻虱、白背稻虱、灰稻虱）、稻纵卷叶螟、稻螟虫（三化螟、二化螟、大螟）、稻叶蝉（黑尾叶蝉、白翅叶蝉）等。如未能及时防控而使虫害大面积爆发，就会直接导致水稻减产，甚至绝产，同时也会大幅增加防控成本。

3. 草害

水稻田中危害严重、防除困难的杂草是稗草。稗草是水稻的伴生杂草，属恶性杂草，繁殖力强，根系庞大，吸收肥水能力强，植株高于水稻，会与水稻争夺养料、水分、阳光和空间，致使水稻减产。

水稻的不同生长期病虫草害的发生情况如表 5–1 所示。

表5–1　水稻的不同生长期病虫草害的发生情况一览表

水稻生长期	病虫草害发生情况
幼苗期（发芽—插秧）	杂草、立枯病、褐叶病、潜叶蝇
分蘖期（返青—分蘖后期）	二化螟、潜叶蝇、白叶枯病、杂草
长穗期（拔节—抽穗前）	稻纹枯病、穗颈稻瘟病、稻曲病、白叶枯病
结实期（出穗—成熟）	穗颈稻瘟病、稻苞虫、二化螟、稻飞虱、稻叶蝉

二、水稻病虫草害防治方法

目前，水稻病虫草害防治方法主要有农业技术防治、生物防治、物理防治、化学防治 4 种。

1. 农业技术防治法

农业技术防治法包括选育抗病虫的水稻品种，改进栽培方法，实行合理轮作，深耕和改良土壤（图 5–1），加强田间管理及植物检疫等方面。其特点是经济、有效、安全，无需为防治有害生物而增加额外成本；无杀伤自然天敌、造成有害生物产生抗药性以及污染环境等不良副作用；可随作物生产的不断进行而经常保持对有害生物的抑制，其效果是积

图 5–1　土壤的深耕

累的，并具有预防作用。但在应用上常受地区、劳动力和季节的限制，效果不如药剂防治明显易见。

2.生物防治法

图 5-2 生物防治法

生物防治法是利用害虫的天敌，生物间的寄生关系或抗生作用来防治病虫害的方法(图 5-2)。采用生物防治法，可减少农药残毒对农产品、空气和水的污染，保障人类健康。因此，这种防治方法日益受到重视，并得到迅速发展。近年来这种方法在国内外都获得很大发展，例如，我国在培育赤眼蜂防止玉米螟、夜蛾等虫害方面取得了很大成绩。为了大量繁殖这种昆虫，还研制成功培育赤眼蜂的机械，使生产率显著提高。又如国外研制成功用 X 射线或 γ 射线照射需要防治的雄虫，破坏雄虫生殖腺内的生殖细胞，使其不能生育，以达到消灭这种害虫的目的。

3. 物理防治法

此法利用物理方法和相应的工具消灭病虫害。例如，机械捕打、果实套袋、紫外线照射、超声波高频震荡、粘虫板、高速气流吸虫机等（图 5-3）。有些物理防治措施与农业防治相结合，防效较好，

图 5-3 物理防治法

且不发生环境污染，具有较好的应用价值。如利用诱杀灯消灭害虫、利用温汤浸种杀死病菌、利用选种机剔除病粒等。目前，国内外还在研究用微波技术来防治病虫害。

4. 化学防治法

化学防治是用化学药剂防治植物害虫、病害和杂草等有害生物的方法，也称药剂防治，是水稻病虫草害防治的主要措施之一（图 5–4）。这种防治方法的特点是操作简单，防治效果好，作业效率高，而且受地区和季节的影响较少，故应用较广。但是如果不合理使用农药，就会出现环境污染，影响或破坏整个农业生态系统，并在作物植株和果实中留下残毒，影响人体健康。随着有机农药大量生产和广泛使用，这种影响有所改善，但使用时一定要注意安全。

图 5–4 化学防治法

行家指点

经过国内外多年来实践证明，单纯地使用某一防治方法，并不能很好地解决病虫草害的问题。如能进行综合防治，即充分发挥农业技术防治、化学防治、生物防治、物理机械防治及其他新方法、新途径的应用（昆虫性外激素、保幼激素、抗保幼激素、不育技术、拒食剂、抗生素及微生物农药等）的综合效用，能更好地控制病虫草害。但目前化学防治仍是防治水稻病虫草害的主要手段。

三、化学防治施药方法与植保装备

在诸多防治方法中，化学防治是防治水稻病虫草害的主要方法。其防治效果好，具有较高、稳定的防治效果，尤其在虫害严重时效果更加明显，而且化学防治不受地区和季节限制。在使用农药时，需根据药剂、作物与病害特点选择施药方法，以充分发挥药效，避免药害，尽量减少对环境的不良影响。一般一季水稻需喷化学除草剂 2 次，杀虫剂、杀菌剂 5 ～ 8 次。

1. 化学防治主要施药方法

在水稻病虫害防治过程中，采用植保机械开展化学防治，通常使用以下 3 种施药方法：

（1）喷粉　利用高速气流使药粉通过喷管和喷头喷洒出去（图 5–5）。这种方法的优点是不需要水，适宜干旱地区农作物病虫害防治。但喷洒不均匀，用药量多，粉剂在茎叶上黏着性差，一般只有 20% 左右沉积在目标上，其余都洒落在施药区及目标物以外。水稻防治中，一般应用于栽插前后除草作业。

（2）喷雾　利用喷雾器械将药液雾化后均匀喷在植物和有害生物表面（图 5–6）。按用液量不同分为常量喷雾（雾滴直径 100 ～ 200 μm）、低容量喷雾（雾滴直径 50 ～ 100 μm）和超低容量喷雾（雾滴直径 15 ～ 50 μm）。农田多用常量喷雾和低容量喷雾，

图 5–5　喷粉

图 5–6　喷雾

两者所用农药剂型均为乳油、可湿性粉剂、可溶性粉剂、水剂和悬浮剂（胶悬剂）等，兑水配成规定浓度的药液喷雾。常量喷雾所用药液浓度较低，用液量较多；低容量喷雾所用药液浓度较高，用液量较少（为常量喷雾的 1/10 ～ 1/20），工效高，但雾滴易受风力吹送飘移。喷雾方法是水稻病虫草害防治中采用的主要方法，尤其是水稻中后期的病虫害防治作业。

（3）弥雾　利用高速气流将药液吹散出去，与空气撞击，形成细小的雾滴附着在作物上，雾滴直径为 75 ～ 100 μm（图 5–7）。其特点是节水省药，喷洒均匀。多应用于水稻生长期的病虫害防治作业。

图 5–7　弥雾

2. 化学防治主要植保装备

（1）背负式喷雾器　目前，在市场上常用的背负式喷雾器有以下几种类型：背负式手动喷雾器、背负式机动喷雾器和背负式电动喷雾器。

背负式手动喷雾器（图 5–8）：是用人力来喷洒药液的一种机械。具有结构简单、使用操作方便、适应性广等特点。背负式手动喷雾器由喷头、喷杆、摇杆部件、手柄开关、出水管、药箱等组成，是由操作者背负，用手揿动摇杆使液泵运动的液力喷雾器，是基于人力进行小面积水稻病虫草害防治作业的主要机型。

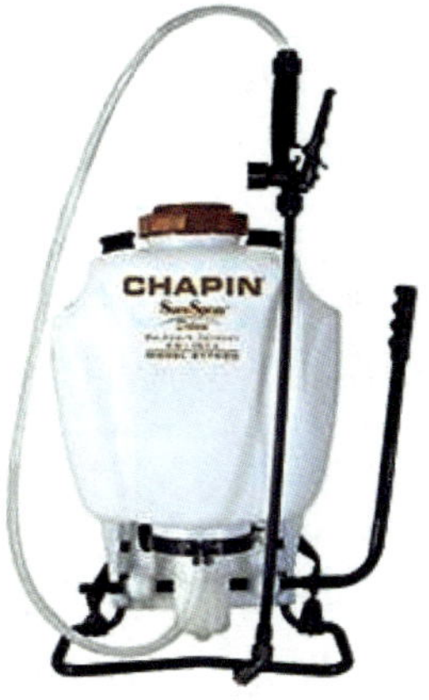

图 5–8　背负式手动喷雾器

背负式机动喷雾器（图 5–9）：具有射程远、作业效率相对较高等优势。但有自重大、噪音大等缺点。适用于较大面积的作物病虫草害的防治。

背负式电动喷雾器（图 5–10）：是一种多功能药械，具有射程远、防治效果较好等特点，但是电瓶容电量有限，需要经常更换电池。适用于较大面积的作物病虫草害的防治。

图 5–9 背负式机动喷雾器

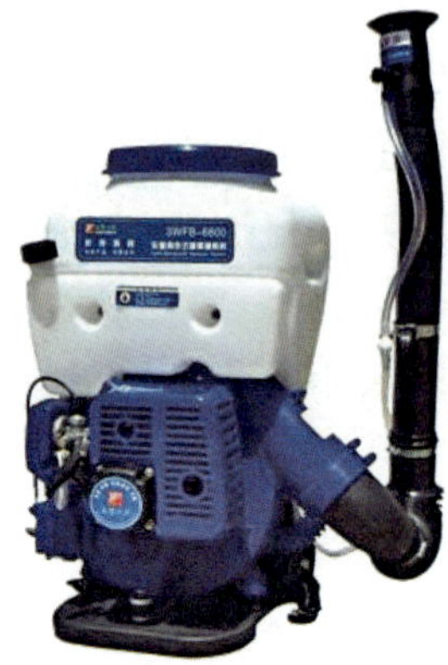

图 5–10 背负式电动喷雾器

随着现代农业的发展，农业规模化、集约化程度不断提高，改变传统的分户防治方式，构建植保社会化服务模式，推行专业化统防统治，保障农业生产安全、农产品质量安全、农业生态安全，已是大势所趋。背负式喷雾器作业特点虽然灵活方便，但是作业效率低，作业效果不显著，均匀性得不到保证，喷洒效果主要和人的行走速度、喷头选择、喷雾压力和喷施高度密切相关。目前，背负式喷雾器在国外主要应用于庭院、温室植保作业。国际市场中 85% 以上的背负式喷雾器由中国出口，同时，这种背负式喷雾器在国内使用程度很大，主要应用于园艺和大田植保作业。随着农业农村部宏观政策调整，背负式喷雾器不再给予补贴，逐渐会在大田作业中淘汰。目前重点补贴倾向于高效植保机械。

（2）喷射式机动喷雾机　喷射式机动喷雾机是指由发动机带动液泵产生高压，用喷枪进行宽幅远射程喷雾的机动喷雾机。主要包括 2 种：第一种是便携式（图 5–11），主要工作部件安装在带有手提把的轻便机架上；第二种是担架式，主要工作部件安装在担架一样的机架上，作业时由人抬着担架进行转移，主要包括担架式（图 5–12）、框架式（图 5–13）和推车式（图 5–14）。另外还包括车载式机动喷雾机，主要部件安装在拖拉机或农用车上，田间作业转移由拖拉机或农用车完成，作业完成后可将机具从车辆上拆除，车辆可以另作他用。

图 5–11 便携式机动喷雾机

图 5–12 担架式机动喷雾机

图 5–13 框架式机动喷雾机

图 5–14 推车式机动喷雾机

喷射式机动喷雾机具有射程远、喷雾幅宽、工作效率高、劳动强度低等优点。该系列机具以均匀雾化喷洒技术为核心技术，高速柱塞泵、卷管装置、轻量化动力为配套技术。该系列植保机具采用高压喷雾，增加雾滴穿透性，有利于提高水稻中下部的防治效果。对小麦、水稻等初期病虫害防治和化学除草效果好。高效喷射式机动喷雾机可逐步替代手动机具，节省作业成本和劳力，有效提高了水稻病虫草害机械化防治水平。但是该机具单喷头机型，在植保作业过程中需要多人辅助操作，同时又受水源和田块的限制。

（3）喷杆式喷雾机　喷杆式喷雾机是装有横喷杆或竖喷杆的一种液力喷雾机。一般采用多级过滤，喷杆的升降、展开和折叠均由液压控制完成，是大田作物高效、高质量喷洒农药的机具。适合给水田、旱田种植的水稻、小麦、大豆等农作物喷洒农药。喷杆式喷雾机按与拖拉机连接方式分为悬挂式和牵引式，按动力形式分为手推式和自走式，按喷杆位置分为前置式和后置式。目前主要推广应用的是自走式高地隙喷杆喷雾机（图 5–15、图 5–16）。自走式高地隙喷杆喷雾机是指本身具备动力，由驾驶员操纵自动行驶的喷雾机械，具有离地间隙高、机动灵活、转弯半径小、生产效率高、操作方便、视野良好等优点。但结构较为复杂，有些自走式喷雾机底盘可以通用或者有其他用途。自走式高地隙喷杆喷雾机相比于背负式喷雾器、喷射式机动喷雾机具有的优势是：单人操作，多个喷头作业效率高，雾滴覆盖率更均匀，喷洒高度、前进速度均可调。

图 5–15　自走式高地隙喷杆喷雾机

图 5–16　自走式高地隙喷杆喷雾机作业图

（4）无人植保飞机　无人植保飞机，顾名思义是用于植物保护作业的无人驾驶飞机，由无人飞机、飞行平台、GPS 飞控、喷洒机构组成。通过地面遥控或 GPS 飞控，来实现喷洒作业，可以喷洒药剂、粉剂等。

植保无人机种类多样，按照不同划分依据，可分为多种类型。

按机型结构可分为固定翼植保无人机（图 5–17）、单旋翼植保无人机（图 5–18）、多旋翼植保无人机（图 5–19）。

图 5-17 固定翼植保无人机

图 5-18 单旋翼植保无人机

图 5-19 多旋翼植保无人机

按动力可分为油动植保无人机和电动植保无人机。单旋翼植保无人机油动的较多，而多旋翼的几乎都是电动的。油动无人机有效载荷大，带药量一般在 15 ～ 120 L，航时长，单架次作业范围大，燃料易于获得。但油动无人机发动价格高，寿命较短。电动无人机航时短，工作时需要不断更换电池，现场快充也影响其电池寿命。

无人植保飞机地形适应能力强、作业时不会留下车印和损坏农作物。但是要求连片作业，不得有障碍物，对天气特别是风速要求高，对操作人员技术要求高。其主要特点：

一是高效安全。农用无人机飞行速度快，规模作业能达到每小时 50 ～ 150 亩，其效率比常规喷洒一般可高出 40 倍。植保无人机通过地面遥控或 GPS 飞控操作，喷洒作业人员远距离操作避免暴露于农药下的危险，提高了喷洒作业的安全性。

二是节约水药、降低成本。电动无人机喷洒技术采用喷雾喷洒方式至少可以节约 50% 的农药使用量，节约 90% 的用水量，很大程度地降低资源成本。

三是防治效果显著。无人机具有作业高度低，漂移少，可空中悬停等特点，喷洒农药时旋翼产生的向下气流有助于增加药物对农作物的穿透性，防治效果好。

四是成本低。电动无人机整体尺寸小、重量轻、折旧率低、易保养、单位作业人工成本低。

近年来，随着多年的技术积累，植保无人机越来越适应植保的个性化需求。目前运用的主流技术有：可以实现全自动、半自动和手动飞行状态的切换，通过气压传感等自动增稳技术实现自动起降、自动悬停以及定高飞行；通过 GPS、北斗导航等系统实现自动航路规划、断点接续施药，通过飞控计算机备份表决系统解决飞行安全等。

目前植保无人机在实际生产应用中仍存在问题。首先是植保无人机喷杆离地高度较大，雾滴在喷洒过程中容易受到气流影响，产生飘移。其次是缺乏专用的药剂，目前大部分植保药剂直接将地面药剂挪到航空使用，浓度较高，有可能对环境和生态造成影响。此外，植保无人机还要受到空管机制的制约。

第二节　机械化施肥采用的装备及技术要求

一、肥料的种类及施用技术

1. 种类

肥料施于土壤中或植物上，能够改善植物的生长发育和营养条件。肥料一般可分为化学肥料和有机肥料两大类，每一大类中都有固体和液体两种形态。

化学肥料一般加工成颗粒状、晶状或粉状（图 5-20）。一般只含有 1 种或 2 ～ 3 种营养元素，但含量高，肥效快，用量也少。液态化肥主要是液氨和氨水。液氨含氮量约 82%，氨水则是氨的水溶液，含氮量仅为 15% ～ 20%。近年来，各种新型液态肥也用于水稻生产的一线。

有机肥料主要是由人畜粪尿、植物茎叶及各种有机废弃物堆积沤制而成，亦称农家肥。有机肥能增加土壤中有机质含量，改善土壤结构，

粉状　　晶状　　粒状

图 5-20　固体肥料的常见形态

还能提供作物所需的多种养分。但肥效缓慢。

化肥的物理机械性能直接影响机械化施肥机具的选择与效果，主要有：

（1）松散性　干燥的化肥颗粒间只有摩擦力的结合。将松散的化肥自然堆放成一个圆锥体时，锥体休止角的大小即可代表该化肥的松散性程度。

（2）吸湿性　即化肥从空气中吸收水分的性质和能力。大多数化肥有吸湿作用，其吸湿能力决定于周围空气的温度和相对湿度，同时决定于化肥颗粒的大小和堆放的厚度。

（3）黏结性　即化肥黏结、团聚而形成硬块的性质。化肥吸湿后或受到一定压力后（如压重、搅拌），易黏结成大的颗粒甚至结成大块，或黏结在排肥器上。因此，使用化肥时应注意其黏结性。

（4）架空性　将肥料放在平面上，从其下部取出一部分，形成洞穴而上部的肥料并不松塌，这种现象称为架空性。化肥吸湿后架空性增强。

2. 施肥原则

在养分需求与供应平衡的基础上，坚持有机肥料与无机肥料相结合；坚持大量元素与中量、微量元素相结合；坚持基肥与追肥相结合；坚持施肥与其他措施相结合。

3. 施肥技术

施肥技术内容主要包括肥料种类、施肥量、养分配比、施肥时期、施肥方法和施肥位置等。施肥量是施肥技术的核心，肥料效应是上述施肥技术的综合反应。根据水稻的营养时期和施肥时间，可把施用的肥料分成基肥、种肥和追肥。

（1）肥料种类　根据土壤性状、水稻营养特性和肥料性质等因素确定肥料种类。

（2）施肥量　确定水稻施肥量的方法主要有肥料效应函数法、测土施肥法和植株营养诊断法等。

（3）养分配比　根据水稻营养特性和土壤性状等因素调整肥料养分配比，实行平衡施肥。

（4）施肥时期　根据肥料性质和水稻营养特性等因素适时施肥，水稻生长旺盛和吸收养分的关键时期应重点施肥。

一是基肥。基肥（底肥）是水稻插秧前结合土壤耕作施用的肥料，担负着培肥土壤和供给水稻整个生育期中所需养分的双重任务。基肥用量大，以肥效持久的有机肥料为主，并适当配合化肥。根据“以肥肥土、以土肥苗、土肥相融”的原则，应充分发挥基肥的作用。水稻施用的主要方法有撒施、条施等。

二是种肥。种肥是水稻定植时施于秧苗的肥料，以满足水稻幼苗阶段对养分的需要。目前主要推广的是水稻侧深施肥。

三是追肥。追肥是指在水稻生育期中施用的肥料。追肥一般以氮肥为主，主要方法有撒施、结合植保叶面施肥等。

二、施肥机类型及构造

常用的水稻施肥机械根据肥料种类和施用方式的不同，可分为化肥撒肥机、有机肥撒布机、侧深施肥机、水稻插秧同步精量施肥机等。

1. 化肥撒肥机

（1）离心圆盘式撒肥机　离心圆盘式撒肥机主要工作部件是一个由拖拉机动力输出轴带动旋转的撒肥圆盘，盘上一般装有 2 ～ 6 个叶片。工作时，肥料箱中的肥料在振动板作用下流到快速旋转的撒肥盘上，利用离心力将化肥撒出。排肥量通过排肥口活门调节。单圆盘撒肥机肥料在圆盘上的抛出位置可以改变，以便在地边左、右单面撒肥，或在有侧向风时调节抛撒面。双圆盘式撒肥机两撒肥盘转向相反，能有选择地关闭左边或右边撒肥，以便单边撒肥（图 5-21），其工作状态如图 5-22 所示。

图 5-21　离心圆盘式撒肥机

图 5-22　离心圆盘式撒肥机工作图

（2）摆管式撒肥机　摆管式撒肥机的摆动撒肥管由动力输出轴传动的偏心轴使其做快速往复运动，进入撒肥管的肥料以接近正弦波的形状撒开。搅肥装置和排肥孔保证向撒肥管中均匀供肥（图 5-23）。

图 5-23　摆管式撒肥机

2. 有机肥撒布机

如图 5-24 所示，在车厢式肥料箱的底部装有输肥链，输肥链使整车有机肥缓慢向后移动，撒肥滚筒将肥料击碎并喂送给撒肥螺旋。

击肥轮击碎表层有机肥，并将多余的有机肥抛向肥料箱，使排施的有机肥层保持一定厚度。撒肥螺旋高速旋转将有机肥向后和向左右两侧均匀地抛撒。改变车厢后部的散布控制板可以实现车宽散布（厚布）（图 5-25）和飞散散布。

图 5-24　有机肥撒布机

图 5-25　有机肥撒布机的车宽散布

3. 侧深施肥机

长期以来，我国水稻生产过程中一直沿用撒施肥方式，即插秧前撒施在大田表面，或是耕整地时将肥料均匀搅拌于土壤中。这种方法施肥量大、利用率低，插秧排水导致肥料养分流失且污染环境，均匀拌到土壤中导致离水稻根系较远的肥料无法被吸收。

水稻侧深施肥是在精准插秧的同时，在距水稻秧苗根部 3 ～ 5 cm 且深度为 5 cm 左右的位置施以肥料的局部施肥技术。侧深施肥由于肥料条施集中，在土壤中浓度较高，增加了吸收压力，使水稻吸收速度加快。肥料位置距离根系较近，有利于水稻返青后直接吸收利用，减少了因田水排放造成的肥料损失和污染。氮素利用率得到了提高，从而保证了水稻生长期间养分供应充分、及时，促进了分蘖的早生快发，形成良好的群体结构，有利于增加分蘖，提高穗粒数和干物质重，从而提升产量、品质和效益。

水稻侧深施肥机一般安装在水稻插秧机上，主要由肥料箱、传动及施肥量调节装置、鼓风机、输肥管、开沟覆土以及报警装置等组成

（图 5–26）。这种施肥机通过鼓风机将从肥料箱定量排出的肥料排出软管，由开沟器控制施肥深度实现高精度施肥。同时具有施肥监视器，施肥作业中，肥料不足或者肥料堵塞时，就会以主面板的指示灯闪烁和蜂鸣音提醒。

图 5–26 水稻侧深施肥机

4. 水稻插秧同步精量施肥机

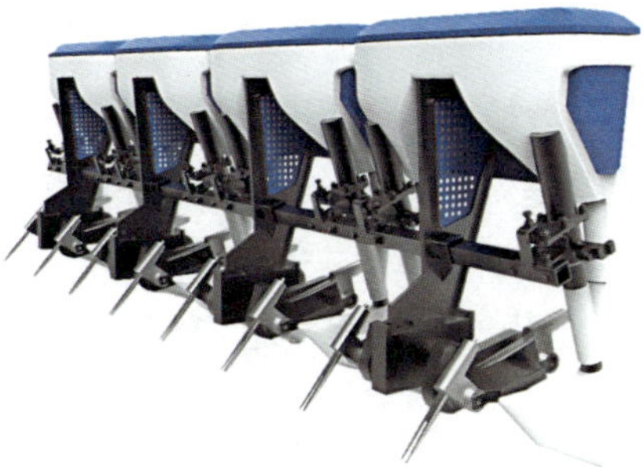

图 5–27 2FH–8 型水稻插秧同步精量施肥机

2FH–8 型水稻插秧同步精量施肥机（图 5–27）主要由螺杆、螺杆套、减速器、直流电机等组成。施肥机搭载在高速乘坐式插秧机上，通过电器装置与水稻插秧机的栽植部件同步作业。螺杆由直流电机通过减速器驱动，施肥作业时，肥料从输送管进入螺杆的螺旋槽中、从螺杆的末端排出，将水稻生长发育所需的肥料深施到预先设置好的位置。该系统配置彩色液晶显示屏，可分别显示每个施肥部件的状态及整机的施肥量，并实时监测施肥机的运行状态。

第六章
机械化收获与烘干

第一节　机械化收获环节

水稻收获作业是水稻生产需要劳动量最大的农田作业项目之一，也是水稻栽培过程的最后一个环节。它直接影响水稻的产谷量和质量，还影响下茬作物的及时栽种，具有季节强的特点。水稻收获机械是生产中不可缺少的农业装备，也是农业生产装备水平的标志之一。

一、水稻收获时期

使用联合收割机进行水稻收获作业有一定的技术要求。在一定区域内，水稻品种及种植模式应尽量规范一致，使水稻及田块条件适于机械化收获。农机手应确定适宜收割期，提前检查调试好机具，执行水稻机收作业质量标准和操作规程，减少收获环节的损失，提高生产效率，促进安全生产。

水稻成熟期一般包括乳熟期、蜡熟期、完熟期和枯熟期。

（1）乳熟期　水稻开花后 3 ～ 5 天即开始灌浆。灌浆后籽粒内容物呈白色乳浆状，淀粉不断积累，干、鲜重持续增加。在乳熟始期，鲜重迅速增加，在乳熟中期，鲜重达最大，米粒逐渐变硬变白，背部仍为绿色。该期手压穗中部有硬物感觉，持续时间为 7 ～ 10 天。

（2）蜡熟期　该期籽粒内容物浓黏，无乳状物出现，手压穗中部籽粒有坚硬感，鲜重开始下降，干重接近最大。米粒背部绿色逐渐消失，谷壳稍微变黄。此期约经历7～9天。

（3）完熟期　谷壳变黄，米粒水分减少，干物重达定值，籽粒变硬，不易破碎（图6–1）。

（4）枯熟期　谷壳黄色褪淡，枝梗干枯，顶端枝梗易折断，米粒偶尔有横断痕迹，影响米质。

图6–1　完熟期的水稻

水稻完熟期谷壳变黄，籽粒变硬，米粒水分少且不易破碎，籽粒干物质重达最大值。完熟期的标志是：每穗谷粒颖壳95%以上变黄或95%以上谷粒小穗轴及护颖变黄，米粒定型变硬，呈透明状。这时期是水稻谷粒生理成熟的重要标志，也是水稻收获最佳时期。

二、水稻机械化收获装备

1. 水稻的收获工艺

根据不同的自然条件、栽培制度、经济和技术水平，我国目前采用的水稻机械化收获工艺有以下3种：

（1）分段收获　先用收割机将水稻割倒，成条铺放在田间、打捆运输和堆垛，在田间或打谷场进行脱粒，最后进行分离和清粮。这种方法使用的机器结构简单、造价较低；保养、维修方便，易于推广。但整个过程劳动量大，生产效率低，谷粒的总损失较大（图6–2）。

（2）两段收获　用割晒机将水稻割倒，成条状铺放在具有一定高度的割茬上。经3～5天晾晒和后熟，然后进行捡拾、脱粒、分离和清粮等联合作业。这种方法可以增加机器收获的时间，预防倒伏，提高稻谷质量。但增加了机械的作业次数，若晾晒期间遇雨，则可能造成稻谷的发芽和霉烂（图6–3）。

（3）联合收获　在田间一次完成切割、脱粒、分离和清粮作业。

图 6-2　水稻的分段收获

图 6-3　水稻的两段收获

这种方式劳动生产率高，劳动强度低，能及时清理田地，稻谷总损失较低，是目前采用最多的收获方法（图 6–4）。

图 6–4 水稻的联合收获

2. 水稻联合收获机械种类

联合收割机在田间一次完成切割、脱粒、分离与清粮等作业，可直接获得清洁的谷粒。它能有效地提高劳动生产率、降低劳动强度、减少谷粒损失，有利于大面积及时收获。特别在收获季节降雨较多的地区，用联合收割机抢收水稻，更能显示其优越性。

（1）半喂入联合收割机 将作物割断后，输送至半喂入式脱粒装置进行脱粒，并进行清粮，最终获得干净的谷粒（图 6–5）。

图 6–5 履带式半喂入联合收割机

半喂入联合收割机作业时割下的稻麦植株用夹持链夹住茎秆基部，仅使穗头部分进入脱粒装置，因此能保持茎秆完整。

半喂入联合收割机的优点是油耗较低，留茬高度可以自由控制，有利于倒伏作物的收割及来年的耕作，收获的谷粒完整性较好，且较为干净，自动化的程度很高，可以切碎稻秆也可以整体保留稻秆。缺点是售价较高、对机手的技术要求较高。

（2）全喂入联合收割机　将作物割断后，输送至全喂入式脱粒装置进行脱粒，随后进行分离和清粮，获得干净的谷粒（图 6–6、图 6–7）。

图 6–6　轮式全喂入联合收割机

图 6–7　履带式全喂入联合收割机

全喂入联合收割机作业时被割下稻株全部喂入脱粒装置中进行脱粒。按稻株通过滚筒的方向不同，全喂入式又可分为切流滚筒式和轴流滚筒式 2 种。切流滚筒式联合收割机工作时，稻株沿旋转滚筒的切线方向运动，经脱粒后，沿滚筒后部切线方向排出。切流式全喂入联合收割机适合收割小麦。轴流滚筒式联合收割机工作时，稻株从滚筒的一端喂入，并沿轴流滚筒轴做螺旋状运动，它通过滚筒的时间较长，脱下的谷粒可以被充分分离，因此可省去尺寸庞大的逐稿器，减少了机器的体积和重量，小麦、水稻等作物均能通用。

全喂入联合收割机的优点是操作便捷、收获时不需对行、速度比较快、购置价格较低、机具的适用性高，改良后可兼收油菜。缺点是含杂率及破损率高于半喂入式，油耗相对较高，稻秆切碎后只能用于还田、留茬较高，不利于翻田后再次耕种。

（3）轮式与履带式底盘的区别　联合收割机分为方向盘轮式、操纵杆履带式 2 种。前者准驾代码 R，后者准驾代码 S。

方向盘轮式联合收割机是指以方向盘作为转向操作工具、以轮胎与地面的接触支承车身并实现行驶性能的联合收割机。轮胎一般为橡胶材料，有充气和实心之分，联合收割机一般使用充气轮胎。这种收割机生产成本相对较低，相同车重和功率下行驶速度比履带式收割机快，轮胎维护、更换比较方便。缺点是转弯半径大，通过性能和爬坡能力差，适应恶劣地面的能力不如履带式。

操纵杆履带式联合收割机是指以操纵杆作为转向操作工具、用履带与地面接触行走的联合收割机。履带是由主动轮驱动、围绕着主动轮、负重轮、诱导轮和托带轮的柔性链环。履带一般有金属和橡胶两种材料，另外有些金属履带车辆也可以外挂橡胶构件，称为挂胶履带，联合收割机多用橡胶履带。

操纵杆履带式联合收割机的优点是转弯半径小，越野能力强，更能适应恶劣地面。缺点是生产成本相对较高，相同车重和功率下行驶速度没有轮式车辆快，履带维护、更换较烦琐。

三、水稻机械化收获技术要求

1. 机收作业条件要求

作业之前应实地察看作业田块的状况、作物的产量、品种及自然高度、谷物倒伏情况。根据作物的状态、田块的大小及条件，确定收割作业方法，保证高效作业。

（1）作物的高度和产量　收割前要实地观测水稻生长高度和产量，确定留茬高度，一般不要超过 150 mm。半喂入式联合收割机适宜作业的水稻生长高度为 550 ～ 1 100 mm，穗幅差≤ 250 mm。作物高度超出 1 100 mm 时，可以适当增加割茬高度，并调浅脱粒喂入深度。当产量超过 650 kg/ 亩时，无论半喂入或全喂入收割机，都应降低作业速度，适当增加割茬高度并减小收割幅宽。

（2）作物的湿度　一般应在谷物完熟期后进行收割，若季节性抢收要进行潮湿作物收割时，应经常检查凹板筛是否堵塞，并注意及时清理。有露水时，要等到露水消退后再进行收割。

（3）倒伏情况　收割倒伏水稻时应先放慢收割速度，原则上倒伏角小于45° 时顺割；倒伏角45 ～ 60° 时逆割；在倒伏角大于60° 时不适宜进行机收，若一定要机器收割时，则应尽量降低收割速度。

（4）杂草情况　若田间杂草太多，则应考虑放慢收割机前进速度，减少喂入量，防止出现堵塞和谷物含杂率过高等情况。

2. 作业前机具检查调试

水稻联合收割机作业前要保持机具良好技术状态，预防和减少作业故障，提高工作质量和效率。应做好以下检查准备工作：

（1）机具检查　一是检查清理散热器，将散热器上的草屑、灰尘清理干净，防止散热器堵塞，引起发动机过热、水箱开锅，应在每个工作班次间隙及时清理。二是检查清洗空气滤清器，每班次前检查空气滤清器滤网堵塞情况，做必要清理。三是检查割台，输送带及传动轴等部分的紧固件和连接件，防止松动。四是检查各润滑点润滑油是否需要补充。五是检查各运转部件是否正常及机内是否有异物。六是检查升降系统是否工作正常。

（2）试割　开始收割水稻或更换收割品种时要进行试割。试割长度10 ～ 15 m，按照作业质量标准仔细检测试割效果（损失率、谷物含杂率和破碎率），并按照实际检测情况对相应部件（如风机进风口开度、振动筛筛片角度、凹版间隙、拨禾轮位置、半喂入收割机的喂入深浅等）进行调整，调整后再试割检测，直至达到质量标准为止。

3. 减少机收环节损失的措施

水稻籽粒表面粗糙，且稻秸秆经全喂入收割机脱粒钉齿打击后呈纤维状，被脱下的谷粒很难全部从纤维状秸秆中分离出来。为了减少谷物的夹带损失，水稻收获更适宜于采用半喂入联合收割机。田间作业时应严格执行水稻机械化收获的作业质量标准，应围绕减少损失率及破损率规范操作，重点从以下几方面开展：

（1）作业质量标准　水稻联合收割机作业时要严格按照水稻联合收割机的收获作业质量标准表中相关要求执行。如表6–1所示。

表6-1 水稻联合收割机的收获作业质量标准

项 目	指标	
	全喂入式	半喂入式
损失率/%	≤3.5	≤2.5
破碎率/%	≤2.5	≤1.0
含杂率/%	≤2.5	≤2.0
茎秆切碎合格率/%	≥90	
污染情况	籽粒无污染，地块和茎秆中无明显污染	

（2）合理配备机组人员　驾驶员1名。另配备协助人员1～2名，辅助开展田间清障、装卸粮及收割机不便作业区域的人工辅助割倒、捡拾脱粒等工作。

（3）检查作业田块　检查去除田里木桩、石块等硬杂物；了解田块的泥脚情况，对可能造成陷车的地方做出标识，以保证安全作业。查看田埂情况，如果田埂过高，则应人工在右角割出2.5×6 m的空地,或在田块两端的田埂开7 m宽的缺口,便于收割机顺利下田。

（4）正确开出割道　收割前必须将要收割的地块四角进行人工收割，按照机车的前进方向割出1个机位。然后，从易于机车下田的一角开始，沿着田的右侧割出1个割幅，割到头后倒退5～8m。然后斜着割出第2个割幅,割到头后再倒退5～8 m,斜着割出第3个割幅。用同样的方法开出横向方向的割道。规划较整齐的田块，可以把几块田连接起来开好割道，割出三行宽的割道后再分区收割，以提高收割效率。

（5）选择行走路线　正常收割作业时，由于割台的右边有割刀传动装置，一般以机器的右边靠已割区收割。行走路线最常用的有以下2种：

一是四边收割法。对于长和宽相近、面积较大的田块，开出割道后（图6-8），收割一个割幅到割区头。升起割台，沿割道前进5～8 m后，边倒车边向右转弯（图6-9），使机器横过90°。当割台刚好对正割区后，停车，挂上前进挡，放下割台，再继续收割，直到将谷物收完。

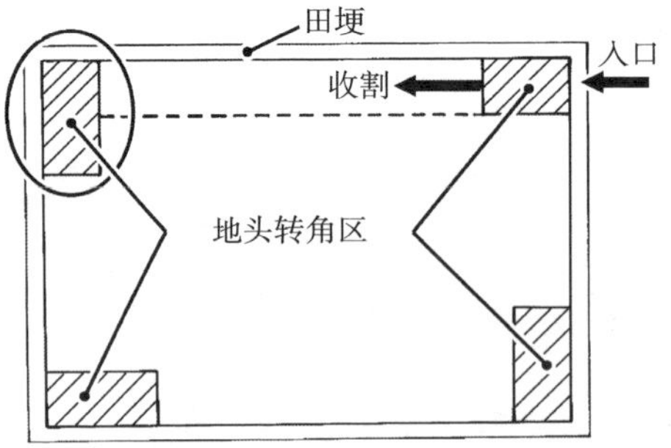

图 6-8　田间开割道的方法

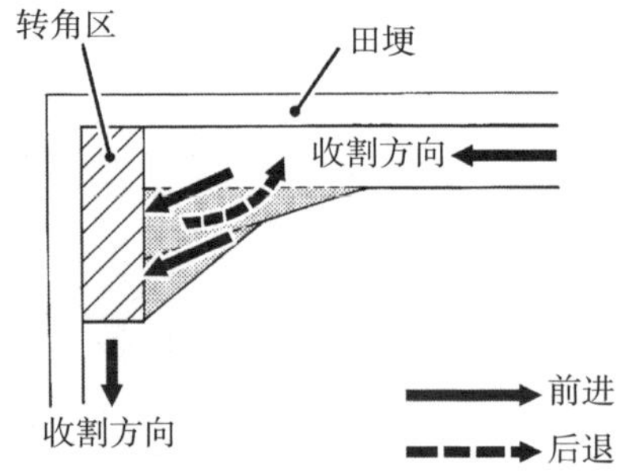

图 6-9　地头转弯方法

二是左旋收割法。对于长宽相差较大、面积较小的田块，沿田块两头开出的割道，长方向割到割区头，不用倒车，继续前进，左转弯绕到割区另一边进行收割（图 6–10）。

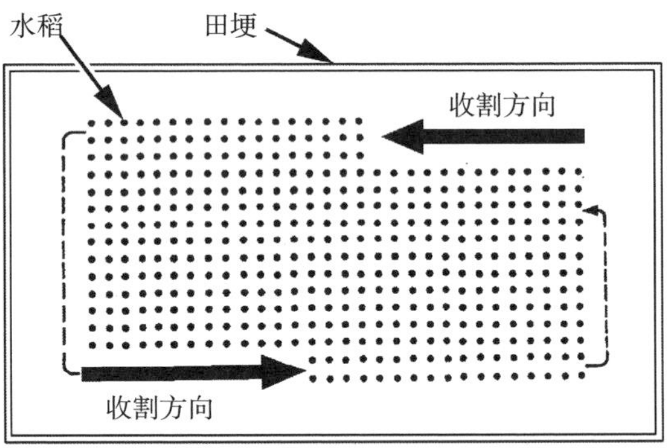

图 6–10　左旋收割法

（6）规范作业操作　作业时应根据作物的品种、高度、产量、成熟程度及秸秆含水率等情况来选择前进挡位。用前进速度、割茬高度及割幅宽度来调整喂入量，使机器在额定负荷下工作，避免夹带损失增加及产生堵塞故障。收割泥泞的地块和收割比较干燥的地块时，履带式收割机的履带张紧度应进行调整，泥泞地块张紧度调紧一些，干燥的地块调松一些，减少磨损。作业过程中应尽量保持发动机在中大油门下运转，机器直线行走，避免边割边转弯，压倒部分谷物造成漏割，增加损失。地头作业转弯时，不要松油门，以保证收获质量。

4. 注意事项

联合收割机的长距离转移要严格遵守道路交通法；履带式收割机上下运输车辆要严格按照使用说明书规定的程序进行。

第二节 稻谷烘干机械与技术

谷物的干燥实际上是通过干燥介质不断带走谷物水分的过程。常规的谷物干燥方法主要有自然干燥法和机械干燥法 2 种。机械干燥装备的形式很多，而机械干燥又可以根据所采用的不同干燥温度、不同干燥介质分成多种不同的干燥加工工艺，如热风干燥、远红外干燥、太阳能干燥等。

一、热风干燥的基本工作原理

热风干燥是通过干燥介质不断带走稻谷水分的过程。以水稻为例，在干燥过程中，随着稻谷表层水分的降低，稻谷内部的水分不断向表层移动，直至介质无法从表层带走水分，粮食内部与外部水分逐步达到平衡。

上述过程可以概括为 2 个基本过程：稻谷内部水分以汽态或者液态的形式沿毛细管扩散（转移）到稻谷表面（内部扩散），表面蒸发到干燥介质中去（外部蒸发）。

目前世界上最先进的稻谷热风干燥技术为低温循环式热风干燥技术，主要是在干燥过程中按照不同的谷物水分值采用不同的程序控制热风温度，从而控制谷物内部水分向外移动的速度，防止出现爆腰（图 6-11），并使谷物中的淀粉、糖、脂质等保持在最佳状态，使粮食保

图 6-11　稻米爆腰情况

持优良的品质与食味。

对于谷物干燥而言，为了使扩散速度与蒸发速度相协调，减少爆腰，常采取以下措施。一是适当减小外部蒸发速度，采用较缓和的干燥条件，如降低干燥介质温度或减小通过粮层干燥介质的流速，高低温联合干燥法。二是进行缓苏，暂时停止干燥，并将处于热状态的粮食堆放起来，使得粮食内部水分逐渐向外扩散，粮食经过缓苏后，表面含水率比缓苏前提高了，因而有利于干燥。

二、低温循环式干燥机的基本结构

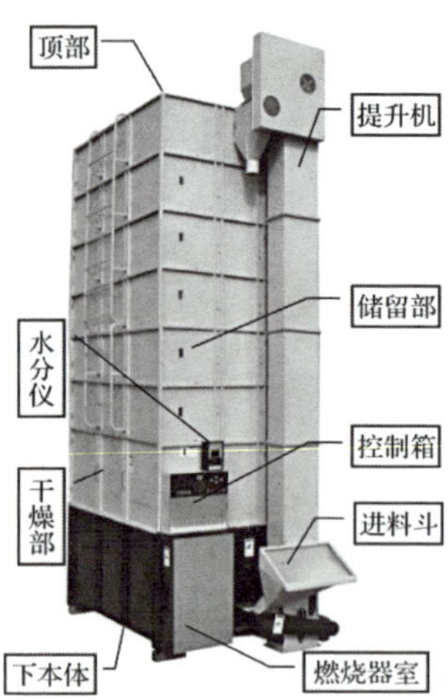

图 6-12　烘干机组成

低温循环式干燥机的机械部分为塔式长方体结构，自下而上分别为：下本体、干燥部、储留（缓苏）部和顶部，提升机紧靠干燥机主体，加上控制箱、吸引风机和燃烧器，这 8 部分为低温循环式干燥机的基本组成部分（图 6-12）。其中控制箱是干燥机的控制中心，它通过温度传感器和在线水分检测仪随时检测干燥机运行过程中的热风温度和谷物含水率。经过对采集数据的分析，再控制燃烧器和机械传动、吸引风机等干燥机执行部件或机构等，决定风机是否运行、燃烧器是否点火加温以及机械传动部分执行进料、循环干燥和出料等动作。

（1）下本体　作为低温循环式干燥机的机架，也是干燥机最主要的机械传动部分。下本体内的循环排粮机构是完成谷物循环的执行机构，通过排粮机构与下搅龙将稻谷排出下本体并输送进提升机。横向 8 槽或纵向 4 槽干燥机在下本体上安装吸引风机、燃烧器等，完成对冷空气的加热以及冷、热空气的输送与分配（图 6–13）。

（2）干燥部　在目前使用的低温循环式干燥机中，干燥部主要有纵向 4 槽和横向 8 槽两种基本结构（图 6–14）。其作用是通过热风槽与冷风槽，使热风均匀地穿过干燥部网孔板后与谷物槽中的谷物充分接触并向谷物传递热量，加快谷物中水分子的运动，并带走谷物表面的水分。

图 6–13　烘干机下本体

图 6–14　烘干机干燥部

（3）储留部　位于干燥部之上，是干燥机上体积最大的部分，其主要作用是贮存谷物。谷物经过干燥部加温“烘干”一定时间后，由排粮机构排出，进入下搅龙，再经提升机进入储留部上层。谷物在此“缓苏”一下，内部水分逐步向外移动，高水分谷粒上的水分向低水分谷粒上移动。

（4）燃烧器　在燃烧器室内，在控制箱控制下通过燃烧煤油或柴油产生热量，对空气进行加热，为干燥谷物提供热空气（图 6–15）。

（5）吸引风机　其作用是为谷物提供源源不断的干燥热气流，并将通过干燥部谷物层后的湿空气排出干燥部（图 6–16）。

（6）上搅龙　位于干燥机顶部，作用是将提升机送来的谷物均匀

图 6-15　燃油热风炉

图 6-16　吸引风机

图 6-17　烘干机上搅龙

撒入储留部，使谷物均匀分布于储留部（图 6-17）。

（7）下搅龙　位于下本体内，其作用是将排粮机构排出的谷物及时送至提升机下部（图 6-18）。

（8）水分仪　是干燥机重要的仪器，通过它可以设定被干燥谷物的种类、最终水分及误差补偿。同时在干燥过程中定时定量地对被干燥谷物进行抽样、测定水分，并将数据传送到控制箱进行分析（图 6-19）。

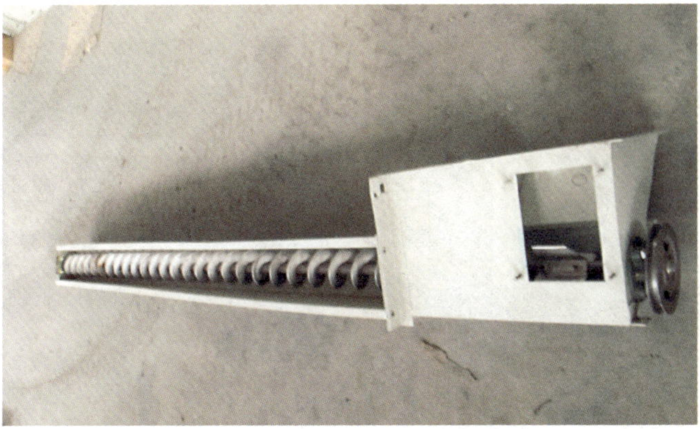

图 6-18 烘干机下搅龙

图 6-19 水分仪

图 6-20 提升机

（9）提升机 将谷物由下向上输送，完成循环及进出料过程（图 6-20）。

（10）装料斗 进料时用于装入谷物。

（11）除尘机 位于干燥机顶部，通过它清除谷物中的灰尘、草屑、杂余（图 6-21）。

（12）控制箱 自动控制干燥工作全过程，包括对在线自动水分仪、温度传感器及风压传感器传输来的数据进行分析后，对燃烧器、吸引风机、排粮循环机构及提升机的开闭运行进行操控（图 6-22）。

图 6-21　除尘机

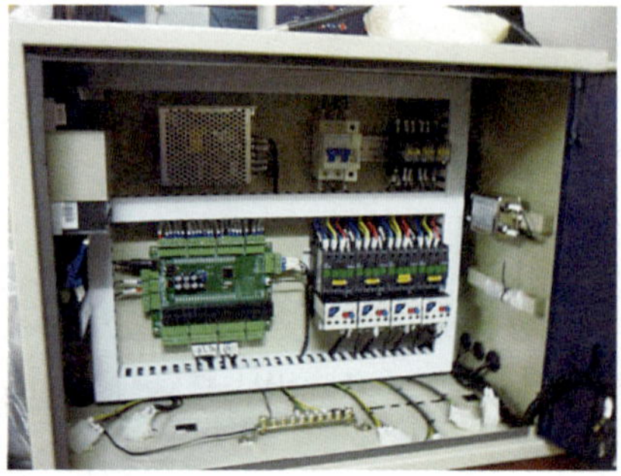

图 6-22　烘干机控制箱

三、干燥机的选择与配置

对于稻谷加工企业或专业干燥企业，在干燥设备的选型与配置方面一般可以从以下几方面进行考虑：

1. 容量与型号选择

机型大小是由农业生产条件、规模决定的，同时根据经济承受能力建设烘干厂房。建设场地，要考虑到用电生产规模、种植面积、烘干日处理量、收获时粮食含水率等。一般情况下，建议200亩配置1台8吨左右的烘干机，300亩配置1台10吨左右的烘干机，500亩配置2台10吨的烘干机（图6-23）。

图 6-23　不同吨位烘干机

2. 机型与性能质量

通过低温循环式干燥机干燥后的稻谷具有良好的生命特征，发芽率不低于烘前水平，水分均匀差异小，便于储藏保管。为了保证稻谷的品质，企业在干燥机机型的选择上，一般应选择低温循环式干燥机，尤其是优质稻米生产企业应把低温循环式干燥机作为稻谷干燥的优选机型。在确定机型后，干燥机的质量也是重要的选择依据（图 6–24）。

要详细考察所选择机型的各项技术性能指标是否符合国家标准，通过审查生产企业的相关技术文件、法定部门出具的检测报告或鉴定报告，对烘后发芽率降低值、烘后破碎率增加值、烘后水分不均匀度、单位降水耗能等指标逐一对照国家标准或稻谷企业所提出的特殊需要。

图 6–24　烘干机组附属设备

3. 制造与装配质量

低温循环式干燥机钣金框架结构，制造质量重点在焊接。要求焊缝（或焊点）均匀、整齐，焊接牢固可靠。装配方面要求螺栓连接紧固可靠、无松动。干燥部冷、热风道密封到位，基本不漏气或少漏气。储留部不漏粮食。干燥机侧板材料应为厚度不小于 0.8 mm 的优质冷轧钢板。

4. 外观与涂层质量

要求干燥机侧板平整，无明显凹凸现象。涂层可以烤漆或喷料，涂层均匀、平整、光滑，无漏底、流痕、起泡和起皱。

5. 热源选择

根据当地能源条件进行选择。

（1）柴油　简单、方便，使用成本相对较高，参见图 6–15。

（2）煤　因其使用成本远低于柴油而受到欢迎，但燃煤会产生高排放被各地列入禁烧燃料（图 6–25）。

图 6–25　燃煤热风炉

（3）秸秆　农村常见的燃料，但体积大、热值较低。如果简单应用于烘干机，就会导致一系列问题，如堆放易腐烂、运输成本高、供料系统复杂等。

（4）石油液化气　由汽化器将“液态”液化气转化为气态，送入燃烧机燃烧加热空气。石油液化气有高的热值，燃烧机控温精确，性能稳定，运转可靠。使用成本略低于柴油（图 6–26）。

（5）空气源热泵　通过制冷系统中压缩机的工作，把空气中的热量吸收过来（粮食烘干时环境空气温度一般都在 0 ～ 35℃以上），再加上为推动制冷系统工作而消耗的一部分电能，两部分的热能都送到粮食烘干机中，是高效、节能、环保型能源，但热泵的制造成本高（图 6–27）。

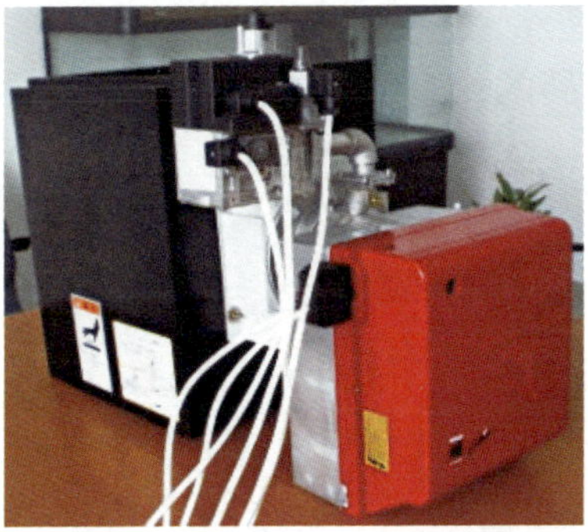

图 6–26　石油液化气热风炉

图 6–27　空气源热泵

（6）自送料智能生物质颗粒热风炉　自送料式生物质颗粒热风炉使用木屑颗粒作为燃料，热值较高，供热能力好。随机配有料斗，可根据热风温度改变送料速度，不仅控温精准，人工成本也可明显降低，其使用成本也与燃煤基本持平，同时排放明显下降（表 6–2），是一种具有良好推广应用前景的烘干机热源技术（图 6–28）。

图 6–28　自送料智能生物质颗粒热风炉

四、烘干机发展趋势

（1）热源选择向节能和生物质能源方向发展　随着全球气候变暖，化石资源的减少，生态环境的恶化，世界各国尤其是主要大国把发展

表6-2　排放对比表

热风炉类型	烟尘排放浓度/（mg/m³）	SO_2排放浓度/（mg/m³）	NO_X排放浓度/（mg/m³）	依据
燃煤热风炉	乡村≤350 城市≤100	≤1 800	标准无要求	热风炉质量评价规范NY/T464—2001烟气指标要求
生物质热风炉	30	8	125	北京中研环能环保技术检测中心出具的检测报告

新能源与可再生能源作为新一轮产业发展的重点，要求提高干燥热源的效率。我国政府在《“十三五”农业与农村科技发展规划》中指出重点加强生物质能源技术研发。

（2）智能化控制技术发展　稻麦谷物烘干机控制要实现智能化（干燥介质温度和流量、粮食停留时间、冷却风量和时间等参数的设定），利用网络实现远程控制。大数据时代开展订单式服务，提高烘干机的使用效率，为烘干中心建设提供参考。

（3）烘干机产品向专业化发展　专业型公司和实力型大企业将分享粮食烘干市场。江苏省地处温带区域，收获时温度高、湿度大，粮食不宜长时间存放，低温循环干燥设备较为适合。随着行业竞争，大量中小型公司和不专业的公司必将退出，留下的只会是专业型公司和实力型大企业。

（4）“非主流”烘干机或将获得一定市场　我国市面上的稻麦谷物烘干机多为固定作业方式，利用率不高，目前已有部分厂家开始研发移动式烘干机，在作业环境和道路条件允许的情况下，这类烘干机具有方便灵活、使用效率高的特点，或有一定市场优势。烘储一体型粮食烘干机可以一次性解决某一地区粮食的烘干和储存问题。